不買衣服的新生活

딱 1년만 옷 안 사고 살아보기

PROLOGUE

某一天，我突然決定改變

每天當我站在衣櫃前，腦中都會浮現一個問題。

「沒有衣服可以穿耶！我去年到底都穿什麼啊？」

但是，即便說出這種讓衣櫃黯然失色的話，事實上，衣櫃每天卻是呈現塞爆的狀態。明明衣服這麼多，竟然找不到一件可以穿。那我之前究竟是抱持什麼想法買那些衣服的啊！有的根本不適合我，有的早已過時，有的看起來明擺著是便宜貨，還有已經穿不下的了……這些不會再出場的衣服如山那般高，而我何苦守著這些衣服不放呢？

跟許多人一樣，我一直被生活壓得喘不過氣。大學畢業後就去上班，也結了婚。享受新婚生活一段時間後，就懷孕生子。然後，一切都變了。二十多歲時，一直夢想著成為新時代職業女性的我，在育嬰假結束後辭職了。因為我想要多點時間照顧孩子。從高中時期開始打工，從不停歇的我，首次獲得短暫的休息。

某一天，我因為一個小契機而開始了「一年不買衣服」計畫。並非發生什麼令我大受打擊的事情，也沒有出現什麼讓我無法再買衣服的困境。

只是在那某一天，我突然看見玻璃窗裡映照出來的，自己的模樣。

我毅然決然下定決心，再也不要繼續這樣生活下去。從那天起，我為了達成目標開始寫部落格。部落格也沒有記錄什麼了不起的內容，一開始只有拍照上傳我的每日穿搭而已。但這件簡單的事，卻為我帶來了三個影響。

1. **考量到有網友在看，對於穿著變得更加謹慎。**
2. **在紀錄的過程中，我開始整理超過一年沒穿的衣服。**
3. **明確掌握我真正需要的是何種衣服。**

寫部落格對我的幫助很大。當我決心動搖、開始想買衣服、當我不曉得該如何穿搭時，我也會去找之前記錄在部落格的照片。

等一段時間過後，回首看那些累積下來的記錄，我深深體悟到當時那份衝動的決心，改變的並非只有我的衣櫃，還有我人生的許多面貌。

過去的我為了獲得社會上的認可一路奔馳至今。但離開職場的這一年，不是一段停滯的歲月，而是帶我回顧自我的珍貴時光。也因為這段幸福的時光，才能讓我得以與孩子一起共同成長。

我將這段時間對購物的領悟、整理衣服的方法、找到自我風格的方法，全都盛裝在本書中。甚至把過程中讓我感到煎熬的煩惱和各種疑難雜症的解法分享給各位。希望讀者能對我的故事有所共鳴，如果這本書有幸成為幫助大家敞開自家衣櫃的契機、找回真正自我的指引，對我而言就是無比的喜悅！

任多惠

本書的試閱者心得

感謝以下這幾位參與試閱的讀者，除了幫我協助審閱本書的初稿、提供修改的想法外，還順道幫我抓出了幾個錯字，讓我能從讀者的角度寫出一本更棒的書！真心感謝參與試閱的每一位讀者！

「閱讀此書時感到又好氣又好笑，就像看自己的故事一樣。我一邊閱讀一邊反省自己，讀完後就立刻開始整理衣櫥了。」

金秀賢（37歲，家庭主婦）

「透過買衣服來抒發壓力是可以被理解的，透過整理衣服的過程來探索自我、療癒自我這一點，我也深有同感。最近我正在整理孩子的書籍，閱讀此書後受到很多刺激，我會再加把勁的！」

Sean（40歲，家庭主婦）

「看作者平常的穿搭就曉得，她肯定超喜歡買衣服。但是她卻突然決定不買衣服了，這讓我也忍不住想為她加油。在書裡提到，她把126件洋裝扔到剩下17件。老實說，我以為：『這是不可能的任務！』結果她還真的做到了！看到她的成果後，我認真反省了自己。我為什麼連試都沒試，就害怕而認為自己做不到呢？」

李世賢（39歲，家庭主婦）

PROLOGUE

從今天開始的衣櫃排毒

PART 1

戰勝購物慾魔神仔

PART
2

不是衣服的錯，錯的是我

PART
3

整理衣櫃，順便整理人生

PART 4

不買衣服的新生活

PART 5

從今天開始的
衣櫃排毒

PART
1

一定有哪裡搞錯了！我哪有花這麼多錢

十一月的某一天。

結婚紀念日即將到來前，我打開存摺確認餘額。

每年到了結婚紀念日，我們夫妻倆都會在確認資產現況後，以此為話題聊聊。不過，在我仔細看存摺時，發現了奇怪之處。我的透支金額數字變多了！

「這什麼情況？我沒買什麼特別貴的東西啊？難道帳記錯了嗎？」

我訝異不已，睜大眼睛仔細地重看了一次家庭記帳本。的確，記帳明細上都只有1萬韓元、2萬韓元等等的數字，但是，每筆小金額加起來，每個月竟然都超過預算3至5萬韓元（大約是1千多塊台幣）。

「不知不覺中被毛毛雨淋溼衣服」就是這種感覺嗎？一整年加總起來的金額，即便買不了精品名牌，至少也可以買個有牌子的包包。

我明明也沒買什麼啊！突然心裡覺得很委屈。我不曉得自己到底買了什麼，按項目分類後才發現，原來餐錢、買書錢、買衣服的錢都是犯人。

餐錢、買書錢就算了，怎麼還有買衣服的錢？

我只有每個月固定網購個三、四件便宜的衣服而已啊！咦？難道我不只買三、四件嗎？我想起不久前，位於陽臺的吊衣桿曾經兩度倒塌。

我抬起頭，餐桌旁的玻璃窗映照出我的模樣。新買的衣服都跑去哪了？我明明每天都只穿運動服而已啊！甚至連我衣服的袖子，都為了緊急擦兒子流出的鼻水和嘴巴溢出的食物而變得髒兮兮，臉也很憔悴。

兒子剛開始會走路時，曾經有一次癱坐在我臉上，導致我的鏡框斷裂。此後，我開始改戴鏡框和鼻托一體成型的那種粗框眼鏡。

從國中開始，青春痘就一直讓我頭大，所以我開始上班之後，只要一拿到薪水就會去拜訪皮膚科。持續接受治療、吃藥一段期間後，狀況逐漸好轉。但就在經歷了懷孕、生小孩和育兒的過程後，一切又前功盡棄了。

我的身材在生產前就是66碼（大概是M號），雖然不算苗條，也不覺得自己胖。但是不曉得怎麼一回事。我餵完母乳後，身體迅速膨脹，尺寸變成了77碼（L）。

「為什麼啊？」

胸部明明縮水了，為什麼衣服卻增加了一個尺碼呢？

不管我獨自一人再怎麼吶喊，也沒有人回答。為什麼那些藝人都可以在產後一個月內立刻恢復身材……

我以前的衣服已經穿不下了。網路上都只有賣「非Free size的Free size」，77碼的衣服超難買。我想「Free size」的真正含義可能是「你選擇衣服的自由就到此為止」吧！以致後來每當我看到符合尺寸的衣服，就會先買起來囤貨。

因為孩子太喜歡抓我頭髮，我長期都把頭髮綁起來，漸漸地頭皮禿了一小塊，綁頭髮時也要注意遮擋起來。

這些生活中零零總總的不如意，讓我感覺自己的人生似乎有地方出錯了，卻不曉得該從哪裡開始改善。

既然買衣服也無法讓我變漂亮，那乾脆省一點，都不要買衣服算了！？

我是在這樣衝動的狀態下決心不再買衣服的，甚至還自我安慰：「不可能一輩子都不買衣服，先挑戰一年就好！」

以後不買了！
買到今天就好

諷刺的是，我下定決心不再買衣服後的第一個動作，竟然就是「買衣服」。

「我之後都不會再買衣服啦！現在不就該買幾件衣服囤起來嗎？」腦中浮現這個念頭的我，立刻奪門而出。

我開始瘋狂購物，第一個前往的購物地點是Uniqlo，因為Uniqlo的褲子彈性超好、可以拉到很寬，唯一的缺點是洗幾次就會變鬆和褪色。

因此，我總是會趁特價期間購買，可以便宜個幾萬韓元（等同幾百塊台幣）。不過，也因為只要穿個幾次褲頭就會鬆掉，為了修改腰圍，又得花幾萬韓元的修改費。

雖然很麻煩，但我真的穿不了其他牌的褲子。那些褲子會使得我每次抱完小孩站起來時，膝蓋很麻、血液不順暢，腰帶也會深深扎入我的小腹。

Uniqlo的褲子成為了我的救世主。於是我買了四件褲子。全都是黑色系的。

內刷毛內搭褲是冬天的必需品，絕對不可以漏掉。

內刷毛非常保暖又舒服，所以內搭長褲、內搭短褲和刷毛褲襪我都各買了一件，依然全部都是黑色系。在我懷孕之前，我連內搭褲長怎樣都快忘記了，我以前怎麼都不曉得內搭褲這個超級舒適的存在呢？

下一個購買清單是「鞋子」。奇怪的是，我生完孩子後，腳竟然大了一號。我把靴子全都丟掉，買了一雙低跟鞋和一雙高跟鞋。顏色也全是黑色。今年我的孩子也長大了，我滿心期待可以穿高跟鞋的日子。

除了這些東西，我還需要一些基本單品。每年冬天我都找不到去年戴的手套，所以我又多買了一個黑色手套。生完孩子後，洋裝連一次都沒穿過，但我明年應該就可以穿了嘛，我要再買一件黑色高領洋裝！

不過，總不能全都買黑色系的單品！再買一件灰色的針織洋裝吧！啊～怎麼都買單色系的？這樣不行，我也要有一件亮眼的印花洋裝才對！但是這款洋裝深藍色的好像比印花更美耶？反正不是黑色的，沒關係啦！

幾天前逛百貨公司時試穿了一件黑色野馬皮外套，一直猶豫該不該買，最後還是打消念頭。沒想到回家之後還在夢裡夢到那件外套！

不是啊！我真的、真的沒有打算要買那件外套的！但這次到百貨公司，竟然發現它正在特價！

我本來打算再試穿一次就打消念頭，不過那個店員實在太和善了，這件衣服又剛好只剩下一個尺寸，而且是展示品，所以還可以幫我再折扣3萬韓元。我還能說什麼呢？這是命運吧？只能買啦！

對了！一月份是我的生日，只要先買好生日禮物，整個冬天都可以穿！刷卡費用只要用生日收到的零用錢來還就行啦！

經過一天滿檔的購物行程，回家後我突然回過神來：我到底買了什麼鬼啊？

看來我平常就是這樣購物的，才會搞得自己明明衣服很多，卻沒有可以穿出門的。

聽說亞洲人當中，很少有人的膚色適合穿黑色。我明明知道我穿黑色衣服時，臉色看起來不太好，痘痘也更加明顯，但為什麼我又買了黑色單品呢？

這些衣服明明現在穿不到，為什麼要先買呢？搞什麼啊！我竟然因為不安而把一堆衣服買回家了。早知如此，我幹嘛還進行「不買衣服計畫」呢？這個發現讓我有個不祥的預感，彷彿預見明年的我在宣告大眾「挑戰失敗，嘿嘿！」然後又繼續購買衣服。

不過，我買回家的衣服都很滿意，沒有想要拿去退貨的。看樣子只能靠以後更加努力挑戰了！既然都買這麼多件衣服回家了，就當作背水一戰吧！

穿著代表一個人的生活態度？

我決定不再買衣服後，有一次想拿既有的衣服來試穿，於是在翻衣櫥時找到了一件卡其色大衣。這件大衣的牌子十分昂貴，我是在兩年前大折扣的時候買下的。

一直到我結婚以前，每當我媽媽發現我又買新衣服時，就會用力打一下我的背，導致後來我買衣服回家後都會先偷偷掛在衣櫥裡一陣子，等到某天要穿時再拿出來說：「這是之前買的舊衣服」。

沒想到我這個生了孩子後，為了找便宜個幾塊錢的紙尿褲而逛遍各個購物網站的人，竟然在發現這件昂貴大衣時脫口而出：「真便宜！這大衣的毛含量超過50%還賣這個價格，真的假的啊？」完全忘記這是我買了之後偷偷掛在衣櫥裡、也不記得放了多久的衣服。

而且一拿出來，大衣上的鈕釦就掉了一顆下來。

我心想「先穿出門再說吧！」結果在路上走到一半又掉了另一個鈕扣。「哎！是因為買折扣品才會這樣嗎？」我看著掉落在地的鈕扣，不禁開始反省自己。

去年冬天老公買給我的5萬韓元大衣（與其說是老公買給我的，不如說是我自己選好後請他結帳），因為嚴重起毛球，今年就不能穿了。

不久之前，我和老公輪流戴的灰色圍巾損壞得很慘烈，所以我就將那條圍巾丟了，翻出其他沒有使用過的新圍巾。

然而，這些沒使用過的東西命運都一樣。它們都是我在地下街看到，以「一條1萬韓元，好便宜！」為由、未經大腦思考就買下來的。但可能因為壓克力纖維的光澤太過耀眼，我實在駕馭不起，從來都沒有戴出門過。

這些便宜貨圍巾加起來早就超過一條名牌圍巾的價格……

過去的我啊！為什麼要這樣做呢？

前陣子我在看晨間節目的時候，聽到了一句話：「**時尚展現的是自己所期盼的生活型態。**」看來我一直以來都過著「未經大腦思考、遇到便宜貨就腦波弱」的生活型態啊！

我現在不用上班、閒暇時間很多，我究竟想度過怎麼樣的生活？會不會就此淪落為一個大嬸呢？身旁單身而繼續上班的朋友們都晉升了，看起來光鮮亮麗……我感到既不安又迷惘。

逛網拍是我的
心靈支柱

我在當上班族時，每個晚上躺著準備入睡前，就會開始煩惱：「明天要穿什麼呢？」

「衣櫥的衣服明明很多，卻都沒有可以穿的耶！
莫非是因為我每次都買類似款式的衣服嗎？
我去年到底都穿些什麼啊？」

接著，我就會開始翻閱時尚雜誌。
看看有沒有值得參考的穿搭。

不對！不對！這未免也太時尚了。
還是換一本比較符合現實的街頭時尚雜誌吧！

嗯……是滿漂亮的啦！但是太有個性了……

我不想穿得太顯眼，適當就好。

接著，我就會開始逛網拍。

購物網站上有很多符合現實的穿搭照片，對我很有幫助。

對！就是這件！只要買這一件就夠了！

這樣就可以像照片那樣搭！

因為那件和那件家裡都有類似款……

最終就是以按下「確定購買」鍵來結束這一回合。

通常就會落入像這樣的模式。

網拍上的穿搭照對我而言可說是非常實用的時尚雜誌。對於經常搞不懂穿搭的人來說，網拍是很棒的參考資料。不過問題在於，逛一逛網拍我就會手滑下單。

時尚服裝雜誌主要都介紹高單價的服裝，但網拍衣服的價格通常不會給人太大負擔，因此更容易下單。此外，最近結帳方式都很方便。

若要抵抗全部的誘惑，沒有足夠深厚的定力是辦不到的。

更何況，我本來就一點定力都沒有。

今晚
腦波弱的顧客
就是我

我昨天抱孩子時扭傷了腰，只好一整天躺著。

因為沒事做，手就不由自主開始滑購物網站。

「我現在不買衣服了，不過買雙鞋子應該沒關係吧？」

春天要來了，我敗了一雙適合春天的牛津鞋。

結果隔天早上接到一通購物網站的來電。

「您好，您訂購的白色牛津鞋現在斷貨了，但據說春季會再重新推出。」

「這樣啊，沒關係。我可以等。」

「不過，到春季的話，恐怕還需要等候幾個月，這樣也沒關係嗎？」

「是的。我可以等三到四個月。反正現在也穿不到。」

「好的，那屆時再為您服務。感謝您！」

我對待網購的心胸較為寬大，即使商品有瑕疵也會將就使用，像上述的情況，我也會願意等待。就是一種「反正東西很便宜，也沒辦法」的心理。即使如此，掛上電話後我還是為了填補空虛的心情，從鞋櫃中拿出幾雙之前買完後，至今連一次都還沒穿過的鞋子來試穿。

「等一下，這雙也是白色牛津鞋？」

鞋櫃裡正好端端地放著一雙白色牛津鞋。

「不！不是這樣的！我沒有重複購買。這雙就只是一般的鞋子，我這次訂的是內增高鞋！我個子小、腿也粗，鞋子裡面要墊高，穿起來比較好看啦，買了一般鞋子後才曉得內增高鞋的好處，這也是無可奈何。如果沒有買過一般鞋子就不會知道這種事，這雙也不算白買！」

為什麼這幾年來，這雙鞋都只待在鞋櫃裡呢？我試圖說服自己購買兩雙牛津鞋的必要性，但效果並不理想。我想還是把訂單取消好了。最後，我取消了那雙新買的牛津鞋。

然而，隔天又發生了一件意料之外的事情。

我為了幫兒子買黑色褲子，去了一趟市區的童裝店，那間童裝店不僅賣童裝，還有賣給媽媽們的女裝和鞋子。童裝店老闆說，下週即將有新品上市，所以要先將零碼的鞋子出清掉。老闆還說「直接再送你一雙！」要用很低廉的價格賣我兩雙鞋。

於是，儘管原本要買給兒子的褲子斷貨了，我卻買了兩雙23.5cm和24.5cm的鞋子回家。

但重點來了，我鞋子的尺碼其實是24cm。

回家後，我開始覺得心裡怪怪的。

明明也沒多買衣服，為什麼良心上如此過意不去呢……

莫非是因為我打破了「只買好東西」的決心嗎？

難道是因為我都會寫在部落格裡，怕被讀者看到丟臉嗎？

我決定了不買衣服，但依然在其他東西上重蹈覆徹，難道是因為這樣才對自己感到心寒嗎？

恐怕，這三個理由全都中了吧。

我思考要不要趁睡前，在部落格跟網友們自白，但一想到這點，心頭不禁感到沉重。

「在『不買衣服計畫』開始之前，我做這種行為時，根本

一點都不心痛，現在真的變化很大呢！」我甚至還這樣自我安慰。反正特價品不能退換貨，既然買了就好好穿吧！下定決心不再重蹈覆轍後，我便沉沉睡去。

結果隔天，一切都真相大白了。原來昨天的鞋子並非免費得到的（我是用接近免費的低價買到的），網路上的最低價也是同樣的價格。尤其其中一雙鞋，還是仿冒去年某個品牌推出的設計款（還不是今年！），跟隨流行的有效期限也早就過了。

我又再次因為腦波弱，淪為被童裝店老闆哄騙的顧客。

到了晚上，我懊悔不已地踢被子深刻反省（韓文有「踢被子」一詞，意指對某件事情太過懊惱到在被窩裡踢被子）。最後我將那兩雙鞋，分別送給了鞋子尺寸相符的媽媽和妹妹。

我可憐的荷包啊！
為了便宜個幾十塊錢反而賠掉更多。

其實除了衣服以外，我對其他東西並沒有什麼欲望。

家裡的餐具從結婚就用到現在，餐櫃或冰箱永遠都不會塞滿。如果沒有一兩個地方是空的，我甚至會感到忐忑不安。我不喜歡逛東西太雜的大賣場，只有在必要的時候會去家門前的超市買東西。對金屬飾品也不感興趣，至於保養品，我連續兩年都只用平價品牌的乳液。

不過，除了衣服之外，還有一個讓我短暫著迷的東西，就是「嬰兒車」。起初我對育兒這個領域一無所知，懷孕後才第一次接觸到紙尿褲和各種兒童用品，當時的我非常混亂。各種宣傳用語一再挑起媽媽們的購物慾，甚至讓媽媽們變得焦慮。其中「嬰兒車」是影響我最大的。

一開始我在看的是價錢較便宜的P產品。之後又看了R產品，是一個在測試「放開嬰兒車時的安全程度」實驗裡，唯一通過考驗的產品。想當然爾，接下來搜尋到的都是高檔嬰兒車的盛宴。

當時我經常出入「媽媽們的網站」，筆記本裡寫滿各牌嬰兒車的優缺點比較。

購買昂貴品牌嬰兒車的顧客的理由似乎都一樣：「嬰兒車若太小，孩子的大腦容易晃動到，導致腦袋變差。」據說嬰兒車的座椅要高，才能減少晃動。

回想起來，這番言論到處都是值得懷疑的破綻，但當時每個這樣說的人看起來都誠懇萬分。

確定要買哪一個牌子的產品後，事情還沒結束，還得四處比價呢！各個網站、部落格充斥著一大堆文章，裡面寫著在嬰兒用品展裡可以用最低價購買，還附上購買證明。一個不留神，大特價的時機就過了，下次何時還會有特價呢？使用折價券會不會比較便宜？還是乾脆買二手的？如果照現在的價錢買，我會虧很多吧？不知不覺間，我已經淪陷在其中。

應該要照顧孩子的時間，我卻只是一直盯著手機看，這樣的生活持續了兩個多禮拜。

我的頭快痛到爆炸了，又擔心自己太輕率下單，未來可能錯過更便宜的商品。對我而言，這不是一筆小錢啊！這筆金額讓我陷入了走不出來的選擇障礙。

就在某一天，我的頭真的太疼，突然間心裡冒出一個聲音：「我這是在幹什麼？」於是一口氣決定買最初看到的、最便宜的P產品。之後我就再也不曾上網搜尋過嬰兒車了。

「我媽媽沒有這種嬰兒車，還不是將三個女兒養得白白胖胖！」我當時不經意脫口而出的這句話成了決定性關鍵。

販售嬰幼兒用品的商業戰略似乎就是「引爆媽媽的不安感」，這真是了不起的戰術。「不用這個產品就是壞媽媽！

不花心思在孩子身上就是個不及格的媽媽！」廣告台詞處處使人產生這種錯覺。

網路社群裡，似乎每個人都在競爭，看誰買得比較便宜。

開始養孩子之後我才瞭解到，找到適合自己的標準才是最重要的。

「我在一無所有的時期，依然把我家小孩好好養大了！」

以後不管聽別人說什麼，我都要謹守自己的原則，只購買價格合理的商品。

最冤枉的是，我為了比價花的一堆時間，全都白費了。

有時候雖然可以用稍微便宜的價格買到，開心是開心，但為了比價而浪費的時間，應該遠遠超過這個價值吧？

衣櫃裡滿滿的
「紓壓」戰利品

再過幾天要去參加一個晚輩的婚禮。但是打開衣櫃一看，卻沒有衣服可以穿。奇怪了，明明衣櫃裡滿滿都是衣服。

我家裡有獨立的衣帽間，裡面有三個大衣櫃。其中兩個衣櫃放我的衣服，一個放我老公的衣服。

每一個衣櫃都分成上下層，裡面放了我的洋裝、長袖襯衫、夏季雪紡襯衫、針織衫。

我在收納時，每個衣架都掛了三件衣服。

我的衣櫃對面還放著一個掛衣架，上面掛著具有特殊功能的衣架，原本這個衣架一次可以掛三件衣服，但我拿來掛六件裙子。果真對家庭主婦來說，CP值才是最重要的！

陽台上也設有雙層衣架，上層掛冬季大衣，下層掛秋季外套。旁邊還有一個開放式收納櫃，我在裡面放置了收納箱，用來收納短褲、圍脖、圍巾等。不僅如此。掛衣架下面還疊了六箱左右（因為體積大）收納箱，用來收納針織上衣。

雖然這樣寫看起來很多，但這不過只是我剛搬進來這個家的時候，所有衣服三分之二的量罷了。之前還有三分之一的衣服，已經送去二手市集（跳蚤市場）或丟掉。至於長袖、短袖T恤、內衣褲、襪子等衣物，則另外收進房間裡的大型抽屜櫃。

老公的衣服只需要衣櫃裡的一格就夠放了。上面掛著冬季大衣、飛行外套、襯衫和西裝，下面則放折疊起來的T恤、針織上衣和褲子。我老公的空間裡，甚至還有一部分被我的褲子偷偷佔領，但他似乎沒有發現。

我也是出於無奈啊！

HAT

我小時候沒什麼錢，開始工作拿到薪水後，體內某種渴望花錢的能量突然大爆發。再加上我的工作時常需要跟別人辯論談判，而且一定要贏！職場壓力非常大！

身為女性，即使我自己製作了簡報，也無法站上發表會，公司會要求比我晚進公司的男職員來代替我發表，叫我乖乖待在位置上接電話。有些時候，主管甚至把我的報告改成自己的名字呈給上司。明明是按照上司的吩咐來做事，但只要事情進行得不順利，當初交代我做事的主管就會在公開場合指責、羞辱我……這些壓力爆棚的時刻，都會促使我在下班的途中失心瘋去購物。

我最愛亂買東西的時候就是懷孕期間。

懷孕期間，我依然被公司事務和加班糾纏。

孕婦裝看起來很呆板，完全不是我喜歡的類型，所以我在吃飽飯之後，都會花很多時間挑選衣服。如果看中了一些比較緊身的衣服，就會先買下來，打算生完小孩後再穿。

現在這世界上有多少人真的是因為沒衣服可穿才買衣服的？老實說，全都是「想買」才買的嘛！

不過每天一到早上，我又會覺得沒衣服可以穿，所以總認為自己是「出於必要」才購物。

我在公司已經承受了不少壓力，不想要連穿衣服也要承受壓力。因此，當我看到想買的款式，但卻不曉得該買哪個顏色時，為了減少煩惱，我會把所有的顏色全買下來。

不經大腦思考的結果就是——

衣服很多，但沒有一件真的可以穿出門。

我生完孩子後就辭掉了工作。雪紡上衣和正裝裙子堆積如山，卻沒有機會穿了，畢竟在家裡穿正裝也不合宜。

我的大衣外套大多是西裝大衣。生完孩子變胖後，裙子也塞不進去了。不過一件一件拿出來看，每一件又都完好無缺，所以根本捨不得丟。

我甚至還為了有機會穿那些正裝，思考過要不要重新回去公司上班。

但我認為現在唯一能做的就是「不要再增加衣服了」。

我決心不再透過購物來獲得慰藉。

我得尋找其他嗜好。

通勤購物狂的失心瘋路線

我在部落格裡寫了關於我的衣櫃的文章，許多網友都留言，好奇我是如何用有限的零用錢買這麼多衣服？

在生下孩子前，我的逛街路線是這樣的：

我先前上班的公司位於首爾的汝矣島。汝矣島辦公大樓之間有許多賣上班服裝的服飾店。雖然價格不是很便宜，但還是比百貨公司品牌低廉很多。

而且，這一區的上班族很多，所以各品牌也經常在這裡舉辦連續幾天的「名牌跳樓大拍賣」。

更嚴重的是，公司前方出現了購物中心IFC Mall。

因為就在公司的正前方，吃飯時間、中場休息喝咖啡時都會去，下班的路途中也無可避免會經過。

入駐購物中心的服飾品牌，每逢換季時都會有大促銷。我還買過只要2千韓元的T恤和1萬韓元的夾克（1千韓元大約是台幣20多元）。每當我壓力大的時候，就會去那邊晃晃，當作買一杯咖啡來轉換心情一般，將衣服一件一件買回家。

我當時住在仁川，下班的時候一定要先從汝矣島搭公車到永登浦站換乘地鐵。而公車下車的地方正好是時代廣場和地下街——讓我的購物慾延燒之地。

接著搭上地鐵之後，還要在富平站下車，搭公車回家。然而，若從地鐵1號線下車，就必須經過仁川最大規模的富平地下街才能抵達公車站。

看完這個回家路線，難道還要怪罪我沉迷於地下街的廉價衣服嗎？我也是資本主義的受害者啊！嗯……我想我是「將行為合理化」的首席資優生。

像我這種領微薄薪水的小資女，在購物之前，都會先逛遍百貨公司和地下街。聽說有一些百貨公司的牌子會「偷換標籤」，挑選一些不錯的衣服，換成有品牌的標籤來抬價販售。

其實我也有過這樣的經驗，原本賣20萬韓元的名牌女裝，最後我在地下街以5萬9千元買到，連腰帶、鈕扣全都一模一樣。此外，像墊肩或喇叭袖這類特殊的款式，等那一年的流行過了，就會覺得看起來俗氣而無法繼續穿，所以我都會買便宜貨，穿完就丟。換句話說，在地下街買便宜的當季潮流服飾是最適合的！

等等，我還沒講完！我當時的男友，也就是現在的老公，他工作的地點是加山數碼園區。我得經過好幾個Outlet才能抵達男友的公司。就算他晚下班、約會遲到，我也無所謂。因為有很多可以慢慢等待的地方，呵呵！

在Outlet通常都有Outlet專賣的商品。

從事相關工作的朋友跟我說，雖然通常都是銷量差的產品才會進駐Outlet販售，但有時也會為了增加產品的多樣性，將人氣商品改造之後放在Outlet賣。

因此，若有看到喜歡的衣服，可以先搜尋衣服標籤上的產品編號，藉此確認這個品項是原本很貴、後來被低價販售，還是原本就為了在Outlet賣而廉價製作的產品。

我經常會被「衣服的質料」打敗。如果看到大衣的材質是「100%聚酯纖維」，就會不禁心想：「與其在這裡買這種東西，不如去地下街買更便宜！」而放棄購買。

但其實我幾乎不曾遇到這種狀況。我遇到的狀況通常都是：「什麼？這件含羊毛、100%天然纖維的大衣，竟然只賣10萬韓幣！」每當我產生「以這種價錢，竟然買得到這種材質，真的很划算！」的想法時，我的理智功能就會瞬間故障。

不過，我最常購物的地方依舊是網路。我會趁通勤時間滑手機，也會趁中午休息時間網購。上搜尋引擎時，如果跳出網拍廣告的照片，也會自然點進去看。最近的結帳方式那麼便利，網購這種事，只要買過幾次就會上手。

我的胸圍是42-46cm沒錯！腰圍是76cm、臀圍是96cm、上衣總長要58-62cm比較合身，連衣裙總長若只有80cm就太短了！裙子40cm的話太短，媽媽會扯光我的頭髮！一開始網購幾乎都失敗，但反覆購買幾次，自然就會曉得自己適合的尺寸。

此外，網路商店在換季時為了清庫存，每到二月中旬就有冬季服裝大折扣，八月中旬則會有夏季服裝大折扣。每個網站的價格都不一樣，因此，「上網搜尋關鍵字比價」也是必備的基本功！

許多購物平台會在顧客生日時贈送優惠券。不過，如果遇到促銷時期優惠券就不能重複使用，所以我會在不同的網站加入會員時，故意輸入不同的生日。三月中旬前、九月中旬前是大量出新品的時期，所以我會特別挑這些時間點來偽造出各個不同的生日日期，讓我每個月都可以在一兩個購物網站拿到生日折價券。

這個世界充斥著誘惑，想將我的錢包掏空。我一直以為要這樣購物才算是精打細算地生活。

但其實仔細一想，比起買便宜貨，直接「不購物」豈不是更划算？我幹嘛還要那樣辛苦花錢？之後為了丟衣服，又得再投資時間、勞力和金錢。**只要不購物就沒事了，不僅可以省錢，還可以節省時間與空間**。

買的不是衣服，
是心動啊！

我決定不買衣服後，找遍了各種能幫助我的書，因此接觸到許多跟「收納整理」或「極簡主義」相關的書籍。

我讀完這些書之後，得出了一個結論：這個問題並非單純只是物品的收納方式，而是自己的思維和生活風格必須轉型。

許多書中都反覆提到一個共通點——

在一開始買東西的時候，就要慎重地購買，就算只買一個東西，也要選好一點的，對於那些高級的物品，不要認為那只有在特殊日子才能登場而捨不得用，平常就要把高級的東西放在身邊經常使用。

我一向只買便宜的衣服，所以，只要缺什麼就會買什麼。買便宜貨所花費的錢，竟然多到足以買一個高級商品。

老實說，以前的我也並非不曉得這道理，只是實踐起來不如想像中容易。

舉例來說，某個春天我看到外國狗仔隊偷拍的照片後，完全迷上了「亨利領白色T恤」。在國內沒有一模一樣的款式，於是我上網找了一件類似款，立即下單買來穿。

不過，衣服實際穿起來的感覺跟照片完全不同，我又上網多買了兩三件類似款。即便已經穿上新買的衣服，腦中依然不斷思索：「沒有更好的嗎？」過幾個月之後，又買了更多件。

每次遇到這種情況時，如果我最終有找到中意的衣服，就只會留下那一件，其他件全部丟掉。不過，如果一直沒找到最中意的，我就會不斷買下去。我的購物方式一直都是如此。明明買了超多件衣服，但最後連一件都不想穿出門。

這種購物方式還有個缺點，就是狂買了好幾件失敗品之後，等到真的遇見好貨時，就會因為錢不夠而買不起。購買多個中低價格包包的總額，加起來甚至買得起幾個名牌包。

同色系的風衣也是，在我搬家的時候，就算已經四處分送了，最後還是剩下五件米色風衣。

我平時總是抱持著「只買好貨！」的決心。

我在購物時，也是堅信著「要買這種衣服才是好貨」的信念才下單的。不過隨著時間的流逝，就會浮現「這件衣服好像不太適合我！」的念頭，然後再次找新目標購買，反覆上演同樣的戲碼。

現在回想起來，其實我買的不是衣服，我買的是「可以讓我變得更美好」的心動感受。

當我將衣服掛進家裡衣櫃的那一瞬間，這種心動的感受就立刻消失無蹤。不久後又會產生一個嶄新的心動，「在某個地方肯定有更好的衣服！」。

我在某本書看到一句話：「丟掉那些不再讓你感到怦然心動的東西。」我之前從未感到煩惱，總是認為「想買就買，之後再整理就好！」不過，別談什麼整理了，反而還累積了一堆，跟垃圾山沒兩樣。我下了個大決心：乾脆不要再買衣服了！如同幫身體排毒那般，我也來幫衣櫃排毒吧！

用購物慾
抵擋購物慾

我下定決心不再買衣服之後，就開始把衣櫃裡的衣服挖出來試穿，也因此領悟了一件事。那些被我買來放著，**想著總有一天會穿到的衣服們，漸漸變得不合身了**。

我購買衣服的資歷已經超過十年了，要物色出一件適合我、穿在我身上好看而且我喜歡的衣服是很簡單的事。因此，之前只要是我認為「穿起來很仙」的衣服，我連試穿都不用，直接放入購物車結帳。

這習慣延續到我懷孕和育兒的時期，去商場看到中意的衣服，我也會說服自己「等孩子長大就可以穿了！」先買回家囤起來再說。

然而，這次我將自己買的東西一件一件拿出來，蝴蝶結、粉紅色、喇叭版型，根本沒有一件適合我的。年紀變大是不爭的事實，那些看似青春洋溢的衣服，反而使我的臉顯得老氣。

我平時明明淨穿些破舊的T恤和褲子，但在購物時卻總是下意識認為那些很女性化的衣服「是我的風格」。

仔細想想，我似乎總是如此。剛步入社會的二十歲出頭喜歡穿的衣服，跟二十歲後半穿的衣服本來就不同。都快三十歲了，怎麼還能穿著二十歲學生時期穿的衣服呢？

我何苦為了穿不到三年的衣服花那麼多錢？認真反省後，我決定未來花錢買衣服時要更慎重一點。金子由紀子在《不購物的習慣》這一本書中提到「節制的培養需要各種技巧，不必要的就不要買，這樣就很簡單。」然而，說得簡單，看到這段文字後，我不由自主在心中吶喊：

「我需要控制內心的技巧！
這個超難的！」

我苦思了許久，最後決定用「獎賞」的方式。

我決定當「不買衣服計畫」成功維持半年，以及成功滿一年時，都要送禮物給自己。

獎品預計是一件可以穿很久的衣服，過了三十五歲還很適合穿的那種！到底要買哪種衣服好呢？

我決定在「不買衣服計畫」滿六個月時買一件洋裝，成功做滿一年時去訂製一套「生活韓服」！我以前是韓劇「宮」和「不滅的李舜臣」的粉絲，對韓服充滿了憧憬。

決定好獎賞之後，我每天都在思考達標時的獎品要買哪一種風格，並為此感到很幸福。我靠著這股力量撐過了不買衣服的日子。

澆滅
購物慾的
書單

決心很容易破滅，合理化也很簡單。
在進行「不買衣服計畫」的期間，需要緊緊抓住自己的決心。
因此，我找了幾本能夠澆滅購物慾的書，實際上也對我有很大的幫助。

《Frugalista Files》

納塔利•麥克尼爾（Natalie McNeal）著

副標題是「節省開銷，品味生活！」有個瘋狂購物的三十幾歲上班族女性，某天意識到龐大的卡債後，開始度過極簡生活，並將部落格裡的紀錄出版成書。

「Frugalista」是將意味節儉的「frugal」和「fashionista」合成的新造詞，意思是節省開銷、把生活過得很有品味的人。這個詞甚至被收錄進牛津詞典。

雖然書裡面對於「不買衣服計畫」沒什麼特別幫助，這點有些可惜，但還是有許多讓人產生共鳴的部分，閱讀起來也很舒服。

除了衣服之外，還提供了外食、美甲護理等方面的節約技巧，這些內容聚集在一起，教你如何省下大錢。

《什麼都不買的一年》 *台灣版由平安文化出版

努努•夫勒（Nunu Kaller）著

我讀了這本書之後，產生了「我也可以做到！」的念頭，對於書中提及的許多內容極有共鳴。例如書裡的這些大標題：地板上的衣服堆積如山、只要看到特定顏色的衣服，就會不經大腦買下去、無法錯過任何單品的緊迫感等等。

作者是大家公認的購物狂，她下定決心要治療自己，雖然在實踐的路上偶爾會動搖，但她終究還是成功了！她把這些過程記錄在部落格上，並把這些文章彙整後出書。我買了這本書之後，每當決心動搖時都要看！

我要不要也像Nunu Kaller那樣，不要買衣服，好好學習一下編織毛衣如何？但我知道自己不太會做重複性很高的事，而且我連十字繡都不會，所以我就放棄了。我在搜尋針織商品的過程中，甚至還差點落入陷阱，想買最近很夯的「LOOPY MANGO」毛帽。

《In The Dressing Room with Brenda》

布倫達•金塞爾（Brenda Kinsel）著

這本書最符合「不買衣服計畫」。 內容既充實又觸動人心，加上作者極富幽默感，閱讀的過程會忍不住發出：「呵呵！說得沒錯！」。

「您的價值絕對值得原價！」書中的這句話更是打中我心。我們總是因為「特價、很便宜！」所以買衣服的時候就像喝酒完跟男人見面一樣。不要再被價格所迷惑，打起精神來！即使沒有特價、只能按照原價買，值得買的衣服還是要買，我一邊閱讀作者的這段話，不禁跟著點了點頭。

《적게 벌어도 잘사는 여자의 습관》（賺得不多也要過得好，女人的習性）

鄭恩吉 著

其實這本書我以前就讀過了。以前閱讀此書時，我的讀後感是：「作者真的好厲害喔！但是我好像無法跟他一樣生活。」作者為了節省伙食費而減肥，為了節省購衣預算而學習縫紉自己做衣服！甚至還販售自己做的衣服，用來創造收益！雖然我很難達到這般境界，但這本書可以在我變得安逸時給予我新的刺激。

《輕簡過生活，零負擔收納術》

*台灣版由三悅文化出版

金子由紀子 著

「若想靠著少量的東西生活，就要提升每天所使用的物品的質量。沒有一定要使用貴重物品或高檔物品，但一定要挑選真正合乎心意的東西，或者用起來會心情好的東西！」作者第一個推薦的東西是「毛巾」和「肥皂」。我們常常會收到這些東西作為禮品或贈品。不要讓家裡囤積一堆禮品或贈品，只使用自己挑選的東西吧！雖然不過是單純的毛巾、肥皂，但「只用自己挑選的東西」的態度，會接著引發「愛惜自己」的心情。這麼一來，家中那些沒用處的雜物就會逐漸減少。作者還補充道，如果讓內心的滿足度始終維持在高水準，就沒有必要透過沒意義的購物來釋放壓力或填補心中的空隙。

閱讀此書的過程中，我也下定決心：「好！就算只買一個東西，也不要買便宜貨，買一個好貨吧！買好一點的東西，盡情享受『為自己著想』的樂趣，然後長久地愛惜這些物品吧！」

《怦然心動的人生整理魔法》
《麻理惠的整理魔法》
《怦然心動的人生整理魔法2》 ＊台灣版由方智出版

近藤麻理惠 著

這是著名的整理顧問近藤麻理惠的系列套書。當初讀完之後，我突然產生整理衣櫃的熱情，心情超級悸動。為了整理衣櫃，於是我打開了衣櫃。明明不久前搬來這裡的時候，我丟了一堆衣服，想說整理衣服應該不需要花很多時間吧？但當我看到第一個箱子和第二個箱子裡各有一模一樣的條紋針織上衣時，就嚇得再次把衣櫃關上了。怎麼回事？我怎麼會這樣？我為什麼會有兩件Uniqlo的灰色V領針織上衣？我決定等驚魂未定的內心平靜之後再整理衣櫃，然後就悄悄地把箱子收回去。

《날마다 하나씩 버리기》（每天丟一樣）

先賢慶 著

「等女兒長大後可以穿！」每當看到特價服飾，就會想提前買給女兒穿。但女兒卻說自己不想穿。不然自己穿就好！但終究還是被新衣服取代了。買衣服的時候想著「以後可以穿！」這真是愚蠢至極。就連買那些現在立刻可以穿的衣服，可能過一陣子就不會穿了，更何況是買給未來的自己穿！未來永遠不會來！

這本書的副標題是「一個無法斷捨離的女子，365天1日1丟計畫」。他在一年當中，每天都丟棄或送給別人一件東西，並且寫下了有關那些物品的故事。為了拋棄對物品的迷戀，作者甚至舉行了「留下圖片和文字後再扔」的離別儀式，這一點令人印象深刻。特別是這段話在我腦中揮之不去。「這就是所謂的『關係』嗎？看似彼此很合得來、永遠都會很親近，其實只是偶然拉近距離罷了。一旦遠離，關係就會告終。」

戰勝購物慾
魔神仔

PART
2

用每日穿搭照
面對現實！

透過事前調查下定決心後，我正式開始「不買衣服計畫」。

每天將自己的日常穿搭照上傳到部落格裡記錄，在抑制購物慾方面起了很大的效果。我購物時都會幻想這些衣服穿在我身上肯定很美，但實際拍穿搭照之後才發現，很多衣服根本不適合我。

透過這種記錄方式，我可以客觀看待自己，也知道不管衣服再怎麼漂亮，如果不適合我就毫無意義。

舉例來說，針織衫既保暖，穿起來女性化又知性，是我非常喜愛的單品。薄針織衫順著肩膀垂下來的柔軟線條漂亮到不行，休閒風格的麻花針織衫也很可愛，而且比雪紡上衣更方便活動。針織衫就算不拿來穿，擺在一旁看也很賞心悅目。

不過，如此漂亮的針織衫只要套到我的身上，我就會立刻變成一團圓球。我擁有大將軍般厚實的肩膀，肩上還有許多肥肉，針織衫這種強調出線條的單品實在不適合我。當然，這事實我早就曉得了。我平常也會照鏡子反省的！只是一直逃避現實罷了。但是透過照片看見自己穿針織衫的模樣後，現實完全赤裸裸暴露無遺。

有一次，我把照片上傳到家族群組，大家的反應非常激烈，要我立刻脫掉這件衣服。最後我將針織類的服裝通通斷捨離，全部送給了妹妹們。我們家有三個女兒，媽媽的衣服尺寸是77碼，我是66碼半，二妹是55碼，小妹是44碼。因為我們衣服的尺寸和年紀都不同，不管是什麼衣服，都有人可以穿。

每次回到女人很多的娘家時，總是有一堆衣服和頭髮四散各地，所以我從不認為自己的衣服特別多。就算我很想數一下自己總共有幾件衣服，但礙於數量實在太多，只好作罷。

衣服都買下手了，就認命地認真穿吧！

如果繼續進行「不買衣服計畫」，我總有一天可以數完衣櫃裡的衣服吧？

在卡費結算日
午夜出沒的
購物慾魔神仔

對我而言，每個月十二號的午夜時分是最特別的時光。

因為在此刻，我的信用卡費會跳到下一期！我之前還會特別把想買的衣服清單都寫在紙條或放進購物車，等十二號午夜一到，立刻刷卡結帳！用一種煥然一新的心情開心購物。

進行「不買衣服計畫」後第一次迎接的十二號午夜，比想像中還平靜。但這是我第一次那麼長時間沒有買衣服，不由得感到有點陌生。

雖然妹妹們慫恿我一起去富平地下街，但我深怕自己動搖，所以都跟她們約好之後再去。

一月份老公會收到公司給的年度獎金。

剛好在這個時期，我試圖將平常刷卡的開銷一部分改回現金。但這樣一來，我就必須在一個月內繳交上個月卡費，並且還要有足夠支出當月生活費的現金才行。這接近兩個月的生活費，要從哪裡來啊？當我還在苦惱這一點的時候，老公的獎金簡直是天降甘霖。不夠支付的剩餘信用卡帳單，我打算用二月會收到的退稅費用支付（韓國報稅、退稅時間在每年二月）。

每年從生日當天早上九點開始，各個購物網站的折價券通知便會蜂擁而至。一直到去年為止，我都會善用這些折價券和換季折扣，把零用錢和生日禮金全都用光光，但今年生日我有好好克制自己。

「現在天氣還很冷，但冬衣已經開始特價了！此時不買根本是損失啊！」我之前總是這樣想。

不過，就算再怎麼特價，冬季衣服還是有個基本價錢在，買個幾件大衣和針織衫，加起來就是一筆鉅款。

開始網購的初期，我都會乖乖誠實輸入自己的真實生日。但每個月預算有限，就算在生日月收到滿天飛的折價券，也無法都派上用場。所以後來如同前面所述，我開始刻意將生日日期更改成常買衣服的換季期間。

托折價券的福，每次遇到換季特價我的荷包都會大失血。

再加上加入了一些百貨公司的官方Line帳號後，就算不是生日，只要有折扣就會收到訊息。**這些購物商店、百貨公司的官方帳號，比我的「閨蜜」更常跟我用訊息問候呢！**

現在我已經將這些購物商家的官方帳號全刪了。未來大概還會有許多購物慾魔神仔來攻擊我，得好好防禦才行！

「想清楚再買」也太難了吧！

人，似乎是無法一口氣改變的生物。

今天我去買老公的內褲，結果看到壓力襪在特價，就順手將壓力襪也買回家了。生完小孩後肚子的肥肉特別明顯，不管穿什麼衣服都掩蓋不了，這種時候穿上「從肚子到腳都勒得緊緊的壓力襪」是最棒的！

「褲襪不算衣服嘛！頂多算生活用品和救援物資吧！」我努力合理化自己的行為。然而，我到家後一打開抽屜發現，抽屜裡有三雙全新未拆封的壓力襪。仔細回想，我在過去兩年當中，根本沒穿過裙子，當然也沒機會穿到這些褲襪。

我幹嘛不經大腦就買了這些？雖然才花了3萬韓幣（台幣約700元），但愧疚感卻很強烈。

這還不是全部。我去大賣場買老公的鞋子，旁邊的休閒鞋竟然只賣2萬9千韓幣（註：約台幣680元）！我立刻被吸走了。回家打開衣櫃一看，我卡其色的衣服還真多！滿滿都是卡其色褲子、卡其色夾克和卡其色迷彩外套。正巧我買回家的休閒鞋也是卡其色的！不過，整個搭配起來，有點太卡其色了，我不是很滿意。

為什麼我買東西之前，都沒先思考過要如何搭配呢？
打開鞋櫃確認後，更確定這是一雙非必要的鞋。

我自己像在演獨角戲一般，整天一直傳訊息給妹妹：

「其實還滿漂亮的，還是別拿去退貨了？不行！一定要去退貨！可是再怎麼看還是很漂亮！不不不，我不需要這種！」

我到底在搞什麼！又花錢、又費心！之後買東西一定要更謹慎！買東西前應該要先檢查一下既有的東西有哪些才對！

為了反省自己，我重新檢視了一遍鞋櫃，結果發現一雙買了七年的涼鞋。我之前都會包色購物，所以同一款鞋子有黑色和白色兩雙。

這鞋子已經放太久了，就算把鞋跟拿去磨，走路還是不太平衡，於是我花了韓幣1千5百元（大約台幣30多元）買了鞋底止滑貼，貼在鞋底前方才變得比較好走。仔細一看，除了鞋跟以外，連前半部的鞋面都有磨損，走起來無法平衡，所以又在側邊鞋面釘上鞋釘，最後這雙鞋的壽命維持了很久。

我改造完鞋子之後感到心滿意足，但瞬間又開始自我懷疑，該不會我除了有購物病，還罹患了無法斷捨離的病吧？

我為此懷疑人生了一小段時間。

這雙鞋如果再壞一次，我就要把它整理掉！

無腦購物只會害我白白做苦工

最後我終於放棄了卡其色休閒鞋，拿去退貨了。結果卻換了一雙白色的休閒鞋回家。

我回到家仔細一看，不曉得發生什麼事了，看起來有點怪怪的。穿在腳上，腿看起來很短、很肥。

煩惱了老半天，應該是因為鞋子的鞋舌太長了。鞋舌長到了腳踝的位置，再上去就會立刻看見我的蘿蔔腿，讓我的腿看起來更短更肥。

已經換貨過的商品無法再次換貨或退貨。

白色休閒鞋明明是基本單品，為什麼在我身上卻長這副模樣啊？難道我還要買其他單品來搭配嗎？我忍不住開始怨天尤人。更可怕的是，不知不覺中，我又開始搜尋沒有鞋舌的帆布鞋品牌「Bensimon」或「Keds」。

「這樣不行啦！我不可以再買鞋子了！我只要把鞋子修改一下就好了啦！」

但困擾的是，我買回來的鞋子材質不是Converse的那種帆布材質，而是皮革材質。如果是帆布材質，我只要用裁縫機縫一下就可以了，但皮革的話……我真的不知道怎麼縫，附近又沒有軍事用品店。

最後我決定要用手工的方式縫。家政超弱的我，平時根本沒有在縫東西，我就如同修行般一針一線緩慢地縫著皮革材質的鞋子。

每下一針我就想一次：「我何苦要這樣不經大腦地買了這傢伙，白白受那麼多苦……」一邊懊悔一邊縫鞋子。

我趁兒子白天睡午覺時完成了這個充滿女人懊悔之心的作品，然後拍了張照留作紀念。改造鞋子後，腳踝露出來的部分變多，我的腿看起來稍微細長了些。

我妹妹看到我這副模樣，便嘲笑我說：「根本沒人在看妳啊！幹嘛這麼在意？這雙鞋又不是什麼流行款式！」

她嘲笑得沒錯！但我已經把一隻鞋的皮革切下來，無法回頭了。我還把牌子標誌改貼到鞋子內側，一直彎著的腰開始感到痠麻、手指發紅。

其實我本來還打算將夏天的T恤衣長修改成看起來比較瘦的長度。沒有人看得出來我變胖，只有我自己很在意罷了。我的洋裝和裙子也都刻意買大一號，然後將腰圍和肩寬等改成符合我的尺寸。根本沒有人嫌我胖，但我卻很在意。

我辛苦了一整天的結論是：不經大腦思考的購物，會害我做苦工！現在起，禁止買鞋子一年！

盲目追流行
是一條傷心路

經過深思一番後，我發現自己之前對鞋子那麼執著是有原因的。

幾年前，我在網路上看到時尚街拍照時，一款Adidas的休閒鞋吸引了我的目光。

這是一款名為「Superstar」的休閒鞋。

我根本沒考慮到自己的身材和長相，腦中只想著要立刻買到那雙「Superstar」！Normcore風格（追求舒適休閒風格的時裝）是當時的潮流，流行穿運動品牌的鞋子。Adidas這款「Superstar」即將迎接45週年，行銷宣傳正熱烈開跑。

Adidas甚至還重新推出已停產的「STAN SMITH經典鞋」，做足了準備，打算掀起一波風潮。我想我看到的照片也是行銷手法的一環吧？

「這個現在很流行？不要再買流行商品了啦！」在許多人腳上看到同一雙鞋的機率一定很高。

我也實際經歷過這樣的事。

某次在路上看到一個女生穿的運動鞋，我在心中讚嘆：「那是香奈兒的低價版本耶！」然後立刻上網找出了那雙鞋。那雙鞋就是New Balance推出的「大麥町」運動鞋。

當我正在猶豫要不要買的時候，SBS電視劇《來自星星的你》中的男主角都敏俊竟然就穿著那款運動鞋出場。接下來的狀況不用想也知道，全國缺貨！

聽到缺貨的消息後我更焦急了。買二手貨也沒關係！我上二手拍賣的網站買了那雙鞋，結果竟然被詐騙了16萬韓幣（將近4千元台幣）。雖然之後報案抓住了犯人，但他是老練慣犯，最後我並沒有拿回錢。

在這之後沒過多久，潮流消退了，我發現有買那雙運動鞋的人們，即使鞋子完好無缺，卻因為流行過了而猶豫要不要穿。當時我就下定了決心，再也不要買流行商品！

因此，我這次也很果斷地放棄購買「Superstar」這款鞋子。

雖然如此，決定不買那雙鞋後，我的內心莫名產生了空虛感，為了填滿那空虛感，我又買了其他款式相似的鞋子，買了之後不滿意，最後又買了更多雙鞋。

這狀況就如同俗諺裡說的：「早知如此，何必當初」。

早知如此，當初買那雙鞋就好了嘛！乾脆買下它，每天努力穿，等流行過了再斷捨離！不然就是我自己要早一點體會到，就算穿了那雙鞋也不會像模特兒那麼美！

沒想到「Superstar」的風潮意外地持久，當我再次猶豫要不要買那雙鞋時，偶然在網路上看到了一張街拍照片。

那張照片拍攝的地點在人來人往的捷運，彼此互不相識的人們，腳上都穿著同一雙「Superstar」。

沒買那雙鞋果然是正確的決定！

不久之前，我穿著條紋T恤、牛仔褲和卡其大衣，帶著對今日穿搭心滿意足的悸動心情出門了。

結果才到公車站牌，就看到一個人穿著跟我類似的服裝，我好幾次不小心跟她對到眼，但我們都假裝沒看見彼此，各自盯著手機看，氣氛非常尷尬。

問題肯定出在卡其大衣上！下次出門時我改換穿一件牛仔外套，結果在公車上又遇見了好幾個穿牛仔外套的人！

「流行商品」有一個滿尷尬的點，那就是不想跟人撞衫，但又一定要趁大家穿的時候穿才算流行，一旦潮流過去了，自己一個人穿反而很怪。話說回來，服飾店也都只賣流行商品嘛！消費者根本沒有選擇的餘地。

我們是不是對流行太過敏感了呢？這些衣服過一段時間後，看起來就變得過時又俗氣，不得已只好再買新的衣服。我現在得做個抉擇：

一、在新的潮流剛開始時買一件來穿，等旺季過後就丟掉。二、不管當下流行什麼，只買最適合我的單品來穿，然後穿久一點！

我不想再當流行的跟屁蟲了！

想做什麼時，
先公諸於世吧！

發生了緊急事件。

老公從公司將百貨公司的商品券帶回家。因為金額只有5萬韓幣（台幣1千2百元左右），送人當禮物也有點尷尬，一直煩惱究竟該如何使用。最後決定用來買老公的衣服，便跟老公一起前往百貨公司。結果逛了老半天都找不到適合老公的衣服，差點就要買下情侶T恤了。所謂的情侶T恤，就是包含老公的衣服和我的衣服！

這商品券是免費得到的，就把衣服想成是禮物也可以嘛！

更何況那是夏天全家出遊時可以穿的情侶T恤。各種合理化的理由都湧上心頭，我為了廉價T恤苦惱了一個小時，等到賣場都快關門了，情急下只好先把衣服買回家再說。

不買衣服的決定又不是誰指使的，是我與自己的約定。因此，就算是免費得到的，我的意志被動搖這件事我自己最清楚，所以心裡還是不太舒暢。過去我僅靠著1萬9千元韓幣（約台幣466元）的短袖T恤就能度日的歲月，如同跑馬燈般閃過我腦海。

購買一個月內可以退貨，所以我把袋子和發票放在一旁，盯著衣服看了好一陣子。

「哇！越看越覺得這衣服是我的風格！」老公在旁邊開心地取笑我、慫恿我，說既然都買回來了，就趁全家出遊時穿吧！甚至還跳起了肩膀舞。

我盯著T恤看，看到膩之後，雖然嘴巴嚷嚷著要退貨，心裡卻無比動搖。之後我將T恤的照片上傳到部落格，希望有人可以勸阻我，親切的網友們紛紛上來留言。

↳ 這只是一件單純的白色T恤。搭配夾克或開襟衫來穿都很好，夏天配一件牛仔褲穿就可以了。

↳ 過了一個季節後，感覺領口就會鬆弛……的那種白色T恤。

↳ 這件不怎麼樣！拿去退貨吧！

↳ 雖然每一件衣服都要好好珍惜，但再這樣下去會變得很憂鬱，既然都買下來了，就不要覺得可惜，好好穿吧！

↳ 這件T恤很不錯，很適合妳！

↳ 你的挑戰沒有失敗（拍拍）！這是收到的禮物啊！禮物不能隨便退貨。

↳ 很漂亮～沒關係啦！

↳ 穿得漂漂亮亮的，讓一切值回票價吧！

↳ 真的很適合妳！拿去穿啦！這是老公送的禮物！

↳ 這是情侶T恤又很便宜，穿去遊樂園玩也很不錯，但這樣好像就打破了跟自己的約定，真的很令人煩惱……是我的話應該會拿去退貨。如果妳還是很煩惱，也可以打開衣櫃算一下自己有幾件短袖白T。我們的衣服真的太多了！妳正在進行「不買衣服計畫」！千萬不要動搖！

我很感謝每一個留言給我的朋友。

明明是我的小事情，大家卻願意用心地勸我、安慰我。

就好像一個學生考試考差而感到畏縮，父母卻說：「沒關係！下次再好好考就行了！」學生在父母的鼓勵之下，下定決心說：「好！我會努力讀書的！」

我帶著這樣的決心，隔天終於拿著衣服去退貨了！

讓我去退貨的關鍵性原因，在於那則要我算看看有幾件短袖白T的留言。我把衣服都拿出來計算，發現總共有51件！

這麼多的衣服究竟都從哪裡來的？仔細一看，全部都是韓幣2千元（約台幣50元）的便宜衣服。

我內心本來就不太舒服了，算完衣服數量後變得更加確信，退貨完心情也輕鬆了不少。

「早知道會失敗的話，上次看到那件洋裝更美啊……之前想買的風衣外套也更棒！」我甚至產生這樣的想法。我如果因為區區一件T恤而留下污點，之前努力的就都白費了。

日本作家泉正人所寫的《富者的遺言》一書中，主角是一位因創業失敗而失魂落魄的男子。有一次在寒冷的天氣裡，男子想掏錢買杯熱茶卻少了100日圓，於是向一位老人借了錢。老人回答說：

「嗯！錢這個東西真的很神奇。如果連一毛錢都沒有，你還會想喝奶茶嗎？肯定會放棄、趕回家燒熱水來喝嘛！人的身上多了幾枚硬幣，就無法做出正常判斷。**只要有錢，就會想要花錢，這就是人的習性。**」

我就是這副模樣啊！我為此深深反省了自己。

等我越過這個難關後，突然覺得不買衣服變得簡單多了。只要我又開始想買衣服，就會回家拿出相似的款式來看。當我又被衣服誘惑時，我就會像這樣勸誡自己：

「買這件的話，我的不買衣服計畫就毀了！早知道會失敗的話，當初買那件T恤就好啦！」然後打消念頭。

果然將目標公諸於世的效果是最好的！

我不想讓那些關注我部落格的網友們對我的信心破滅。我想向這些長期關注我的朋友們說聲謝謝！

對決點數與折扣的誘惑

我拿到（不，那是我要來的）老公送的生子禮物後，獲得百貨公司的兩萬個點數。我都快忘了點數的存在，「點數將會在兩年內過期，請盡快使用」的簡訊依然持續送過來。因為沒有立即需要買的東西，所以我一直忍耐著。

不過到了月底，我又收到「加碼送您五千點數」的簡訊。事情還沒完，過一段時間後，除了點數之外，連提供折價券的簡訊都傳來了。

「是啊！點數浪費掉有點可惜。要不然稍微逛一下百貨公司網站好了？」

進入百貨公司網站一看，刷特定信用卡還有折扣耶！雖然沒有需要買的東西，也沒有想買的東西，但……說不定會需要啊！我開始陷入一連串的思考。

不知不覺中，已經有個包被我放進購物車裡，說不定買這個不錯用啊！用掉點數和折價券，可以省接近10萬韓幣（約2千多台幣）。我按下「分期付款六個月零利率」的按鈕，也按下結帳的按鈕，現在只需要輸入刷卡的認證密碼即可……此刻我突然猶豫了。

「我這是在幹什麼？**為了省10萬韓幣，竟然要花50萬韓幣？我有什麼毛病嗎？**」不過，我如果現在不買，以後會不會後悔呢？

我後來沒有結帳，整整苦惱了兩天，最後決定不買。雖然點數終究過期了，但之後回想起來，我覺得當時做得很好。

不知為何，我也有一種鬆了一口氣的感覺。

我原本也擔心自己會後悔沒有買下去，但事過境遷，我發現自己並沒有後悔。

回過頭來思考，其實每次我感到後悔的，都是我結帳之後，發現只要少買幾個便宜東西，就可以買到高檔貨的時刻。

我是不是進步一點了？今天真是個讓人欣慰的日子。

石膏設計

本石膏創作全技法！
石×托盤×燭台×花器，
簡單的美感生活小物

語蕎　定價／499元　出版社／蘋果屋

人氣課程，不藏私公開！用石膏粉輕鬆模擬大理石、水
奶油霜，做出30種時尚到復古的超質感設計！

茸的戳戳繡入門

療癒！從杯墊、迷你地毯到抱枕，
8種針法就能做出28款生活小物
圖案紙型）

禮智　定價／520元　出版社／蘋果屋

戳戳繡（Punch Needle Embroidery）技法入門書！神祕
你地毯、軟綿綿雲朵鏡框、蝴蝶拼色杯墊……只需一支
一球毛線，反覆戳刺就能完成好看又實用的家飾品。

繩結編織入門全圖解

種基礎繩結聯合原石、串珠，
出21款風格手環、戒指、項鍊、耳環
R碼教學影片）

嵩恩　定價／550元　出版社／蘋果屋

織達人的繩結技巧大公開！全步驟定格拆解＋實作示
，以平結、斜捲結、輪結等8種基礎編法，做出風格
俐落百搭的項鍊、戒指、手環飾品。

解】初學者の鉤織入門BOOK

種鉤針編織法就能完成
實用又可愛的生活小物（附QR code教學影片）

倫廷　定價／450元　出版社／蘋果屋

大企業、百貨、手作刊物競相邀約開課與合作，被稱
織老師們的老師」、人氣NO.1的露西老師，集結多年
學經驗，以初學者角度設計的鉤織基礎書，讓你一邊
織技巧，一邊就做出可愛又實用的風格小物！

用得到！基礎縫紉書

×機縫×刺繡一次學會
就能修改衣褲、製作托特包等風格小物

田美香、加藤優香　定價／380元　出版社／蘋果屋

學者設計，帶你從零開始熟習材料、打好基礎到精通
自己完成各式生活衣物縫補、手作出獨特布料小物。

瘋美食・玩廚房・品滋味・樂生活　尋找專屬自己的味覺所在

流行事・夯話題・追時尚・探心理　打造理想中的魅力自我

好書出版・精銳盡出

台灣廣廈國際出版集團 Taiwan Mansion International Group

BOOK GUIDE

2024 生活情報・春季號 01

知・識・力・量・大

＊書籍定價以書本封底條碼為準

地址：中和區中山路2段359巷7號2樓
電話：02-2225-5777*310；105
傳真：02-2225-8052
E-mail：TaiwanMansion@booknews.com.tw
總代理：知遠文化事業有限公司
郵政劃撥：18788328
戶名：台灣廣廈有聲圖書有限公司

自癒力・享健康・不老化・遠疾病　天天打造驚人的自癒奇蹟

樂育兒・好教養・綠手指・養寵物　日常生活中的幸福時光

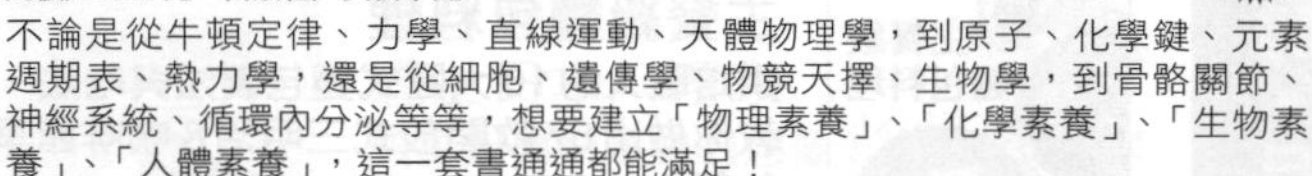

國高中生必備！真希望自然科學這樣教【套書】

暢銷

定價／2320元　出版社／美藝學苑

不論是從牛頓定律、力學、直線運動、天體物理學，到原子、化學鍵、元素週期表、熱力學，還是從細胞、遺傳學、物競天擇、生物學，到骨骼關節、神經系統、循環內分泌等等，想要建立「物理素養」、「化學素養」、「生物素養」、「人體素養」，這一套書通通都能滿足！

妖怪與魔法摺紙遊戲【全圖解】

NEW

5大冒險主題×53種趣味摺法，和孩子一起邊摺紙邊闖關，玩出無限創造力！（QR碼全影片教學）

作者／笹川勇　定價／450元　出版社／美藝學苑

紙上RGB大冒險！將魔法世界的妖怪、道具、武器、寶藏，變成和孩子互動遊玩的紙玩具。

專為0～3歲設計！蒙特梭利遊戲大百科

實境式圖解！激發孩童腦部五大領域發展，160個就地取材的啟蒙遊戲

作者／朴洛珍　定價／599元　出版社／美藝學苑

蒙特梭利國際教師，親身實踐！用寶特瓶、紙箱等材料製作教具，啟動孩子的大腦與五感發展！

專為孩子設計的可愛黏土大百科

2800萬家長熱推！從基礎到進階，收錄12主題157款作品，提升孩子創意力×專注力

作者／金旼貞　定價／649元　出版社／美藝學苑

精選黏土課157款超值作品，讓收服2800萬家長的黏土老師金旼貞，告訴你如何陪孩子提升創意力、協調力，一天30分鐘玩出聰明大腦！

專為孩子設計的創意摺紙大全集

10大可愛主題×175種趣味摺法，一張紙玩出創造力×邏輯力×專注力！

作者／四方形大叔(李源杓)　定價／499元　出版社／美藝學苑

用一張紙取代手機平板，成為孩子愛不釋手的遊戲！成就感滿分，啟動孩子的腦內升級，創意啟發×邏輯思考×專注培養，一次達成！

專為孩
從葉子
認識45
作者／林將
一本適合
度，從樹
樹皮外觀
學習力！

忍不住
熱銷突
慶應大
快速貫
作者／佐藤
★日本人
你從生活
構、邏輯

真希望
暢銷20
跟著東
作者／西
專為不
用！應
學，同時

真希望
系列暢
6天掌
作者／西
輕鬆詼
學關鍵
識型漫

1天5
山下英
×68
作者／山
★從玄
★全書
毫不藏

不留
活用家
將「家
第一本
作者／森
不用花
的應用
有貓家

韓系
第一
擴香
30款
作者／
韓國超
磨石、

毛茸
紓壓
只要
（內附
作者／
第一本
黑貓迷
戳針、

法式
用8種
設計出
（附Q
作者／金
韓國編
範影片
各異、

【全圖
只要9
23款
作者／金
韓國各
為「鉤
豐富教
學習編

真正
手縫
在家
作者／羽
專為初
活用！

只是不買衣服，
帳本赤字竟減少了

二十五日是發薪日，同時也是信用卡費的繳交日。

看家庭記帳本就可以明白，「不買衣服」產生的效果越來越明顯了。

我將之前累積的分期付款逐一還清，記帳本變得越來越乾淨了。這是自從我開通信用卡之後，第一次看到記帳本那麼乾淨。即使我已經不買衣服一陣子了，但之前刷卡的帳單還累積了不少，所以每個月總是沒剩下多少錢。

「分期付款」暗藏的意涵就是：一開始看起來微小，過程中卻變得很龐大。

假設一個月的治裝費是10萬韓幣（約台幣2300元），如果恣意挑選想買的東西，最後肯定會超過預算。為了配合預算，勢必要捨棄一些想買的衣服，但一件一件刪到只剩12、13萬韓幣時，又忍不住在心中吶喊：「不能再少了！」

使用三個月零利率分期刷卡之後，我仔細一算：「三個月零利率分期的話，每個月付三分之一，那我這個月的預算還剩下3萬元耶！」

結果到了下個月，又會出現想買的新東西，一樣又用分期付款。上個月剩下的分期，再加上這個月新的分期費用，加一加好像還在預算內……哼！一定是又被購物慾魔神仔附身了！付款完成。

這樣的分期付款，有的是二個月、有的是三個月，也有六個月的……最後，光是分期付款，我的預算就滿了。

如果在這情況下，我在路上看到漂亮的衣服還心想：「買一件沒關係吧？我中餐吃便宜一點就好啦！」預算就會開始超標。就這樣，每個月的預算都超過一點點，越積越多。

人心真的很有趣。

假設有十樣想買的東西，但礙於預算只能買兩樣，這種時候我都會進入天人交戰。最後即使需要動用分期付款，還是會買個三、四樣東西。

但開始進行不買衣服的挑戰之後，因為完全不買衣服了，所以根本不用挑選、也不需要貨比三家。

什麼都不買，反而更輕鬆。

另外，如果看到自己很想買的衣服，我就會說服自己說：「一年後再買吧！這麼漂亮的款式，一年後應該還會繼續賣吧？」然後過兩週後，就會連自己當初想買什麼都想不起來。超級神奇！心情也跟著輕鬆愉悅了起來。

每當購物慾出現時，就重新翻開那乾淨的家庭記帳本吧！

繼續加油！

讓衣櫃裡的寶藏
重見天日

我在衣櫃裡發現了一件襯衫。

那是我在富平地下街購買的，連標籤都沒撕下、被閒置在衣櫃裡超過一年。我其實不曉得這件襯衫可以搭配什麼外套，當時只是因為覺得很漂亮，就算想不到怎麼搭還是買了。

如果現在我有一件深藍色大衣就好了！但是我現在不買衣服了，所以決定拿家裡的長版大衣來修改。

這件長版大衣是我四年前在網路上以便宜價格買的二手貨。但收到之後發現對我而言太長了，因此我連一次都沒有穿出門過。不過，光是看到長版大衣掛著的模樣就令我陶醉不已，一直捨不得丟掉。

於是我花了「鉅款」3萬韓幣（約台幣7百元）將長版大衣交給了百貨公司的衣服修改室修改，成果很令我滿意。無論有沒有綁上顯瘦腰繩都很美、看起來顯瘦無比。早知如此，我早該拿既有的衣服來檢視才對嘛！

藉由修改讓衣服起死回生，我覺得很有意思，就繼續在衣櫃裡找找還有哪些可造之材。當時我的雷達捕捉到了「白襯衫」。有一件白襯衫胸口的口袋太大了，穿起來不太自在，所以我一次也沒穿過。

我真想詢問當初的自己，究竟為何要買下這件襯衫？我把口袋和鈕扣都拆下來，換上從DAISO 大創買來的、我最喜歡的條紋鈕釦。縫三個鈕扣就花了一個多小時，縫八個鈕扣整整耗費將近三個小時的時間。我的縫補手藝怎麼會爛成這樣啊？

雖然中途一度想放棄，但我很清楚自己的個性，一旦放棄就不會再次嘗試，所以一定要一氣呵成。至於袖子的鈕扣，就先投降吧。

後來我又找到一件大學時買的白襯衫，放久了早已變黃。我將衣服浸泡在含氧漂白劑裡一小時左右，努力恢復原狀。

before

after

那時剛好家裡有漂亮的三色線，本來想要將鈕扣拔下來後縫上三色線，但等我好不容易將衣服恢復原色之後，根本也懶得處理鈕扣了，直接將衣服交給了修改店。

衣長修短加縫鈕扣，5千韓幣（約台幣165元）就解決了。

被埋藏在衣櫃裡面的衣服，開始一件一件重見天日。

只要花點心思稍微改造，就彷彿得到一件新衣，我感到又感動又滿足。

寶藏就在我身邊，為何過去的我都不曉得呢？

不買衣服後
反而更舒暢的
身心和荷包

仔細回想過往歲月，我發現最容易動搖我不買衣服決心的事物，並非漂亮衣服，而是廉價衣服。每當我心情不好時，就會想轉換一下情緒，想著：「只買一點點，不會怎麼樣吧？」

在市場看到即將停止營業的名牌貨商場掛著「跳樓大拍賣，全館三折」的標示。

「現在不買，更待何時！」的強烈購買慾迎面襲來。

雖然這些衣服並非急需，之後再買也可以，但是好衣服通常都很貴，感覺以後就沒有這種價格了！只要想到這一點，我就急了、內心超糾結。

為了應付這種狀況，我特別背了一句繞口的話：

「**不便宜就不買的衣服，就算便宜也不要買！**」只要反覆唸這句咒語，就可以成功脫離商人設下的心靈陷阱。

另一個陷阱是「地下街」。

我們家三姐妹最常被購物慾魔神仔附身的地方，就是韓國最大的地下購物商場——「富平地下街」。

有一陣子我每天都會去拜訪充滿便宜貨的富平地下街，抱持著僅僅花5萬韓幣（約台幣1200左右）就可以滿載而歸的信心，但每次回過神來，20萬韓幣早已消失無蹤。

我在進行「不買衣服計畫」的期間，還是會跟姐妹們一起去逛地下街。我身體依然流著愛買便宜貨的血，眼睛依然不聽使喚地盯著那些便宜貨。

但我的「不買衣服計畫」，絕對不能因此搞砸！

為此，我擬定了作戰計畫。

一開始我乾脆完全不逛街也不買衣服，但效果不彰。就像減肥一樣，如果只是一味地忍耐，到某一天再也無法忍耐，就會功虧一簣。

我的對策是：跟姊妹們逛街時，我會當成是自己在購物，在一旁努力給予建議，最後自己只買一雙襪子。最近地下街一雙襪子才賣1千元韓幣（約台幣20元），只要帶一張5千元韓幣的鈔票，就可以成為襪子富翁。

而且即使襪子如此便宜，我也無法買超過十雙，畢竟地下街賣的襪子就是那些款式，能挑選的有限。

衣服每當換季時就會出現不同的款式，但襪子一年四季都賣類似款，所以下次再去逛街時就不會再買襪子了。

唯一要注意的是，不可以在同一家店把襪子全部買完。

買完一雙後先繼續逛街，然後再買下一雙，特別要在逛服裝店的途中買襪子，這樣才有購物的感覺。**左右成敗的關鍵在於「掌管內心的能力」**。

買襪子的策略，就如同減肥時吃番茄來替代白飯那般。我曾經懷疑過，有必要做到這種程度嗎？但最後還是下了結論：「有必要！」

「把衣服買回家才發現，有些款式長得幾乎一樣！」

「在店裡看很美，回家後穿起來卻很普通！」

「家裡明明有一百件被我閒置的衣服，我卻覺得沒衣服可穿又再買了一件，但隔天出門上班時，又再次發現沒衣服可穿！」

與其經歷上述令人後悔至極的情境，不買衣服反而更好！除了隔天心情會舒服許多，繳卡費的日子也很輕鬆。沒錯！心情舒坦果真是最重要的！

取代下單的「轉換心情法」

一直以來，只要是我想買的衣服，我連做夢都會夢到，千方百計也要弄到手。

我的執著深到什麼程度呢？鄰近分娩的前一個月，我跟母親和妹妹們去富平地下街，用逛街當作運動。

當時我一直猶豫要不要買一件T恤，後來沒有下手。結果那件衣服整晚都在我眼前晃來晃去。最後我下定決心：「這樣下去不行！我明天就要立刻去買！」

結果隔天我突然開始陣痛，子宮頸口開到6cm就得進去分娩室待產。就連處於那種情況下，我滿腦子圍繞的不是生孩子，竟然是那件T恤。

「現在進去分娩室，之後還會在坐月子中心待個三週以上，這樣那件T恤怎麼辦啊？」我甚至還跟醫生說：「我必須要去一趟富平地下街！」醫生聽完覺得荒謬，直接把我送往分娩室。

進去分娩室之後，我花一小時就把孩子生下來了。生完小孩之後第一個浮現在我腦中的念頭，就是要買那件T恤！我還拜託小妹來醫院探訪我的時候，不用帶其他東西，只要幫我買那件T恤就好！

終於，那件T恤成功落到了我的手中。

然而，殘酷的真相是：這樣費盡心思買回來的衣服，我只穿了一遍。

所有衣服在商場看起來都閃閃發光，一旦掛在我家衣櫃裡，怎麼看起來都如此寒酸。然後到了隔天早上，我又找不到衣服穿了。我真搞不懂自己這麼執著是為了什麼？

我一直認為，只要買了令我滿意的衣服，我似乎就會變成一個更棒的人。

這種喜悅會讓我瞬間忘掉那些憂鬱的事情，所以每當我感到憂鬱時，都會去買衣服。

「不買衣服計畫」滿一百天時，為了轉換心情，想買衣服的衝動非常強烈。我之前都會趁老公和小孩睡著後，獨自在凌晨逛網拍，偏偏這習慣還留著，所以只要到了凌晨，我的心裡就會空蕩蕩的。因此，我擬訂了對付這種狀況的五大步驟。

第一步驟：用很香的肥皂洗手，擦護手霜後再噴香水。

第二步驟：梳頭髮、擦唇膏。

第三步驟：閱讀時尚雜誌書籍，思考如何用現有單品搭配。

第四步驟：如果到第三步驟都還沒成功說服自己，就再次閱讀極簡主義的書。

第五步驟：以上都沒效果的話，就開始吃宵夜，用味蕾的滿足感抵擋購物慾！

我幾乎不曾執行到第五步驟。真的！想到自己那麼努力運動，就不想吃宵夜了。通常到第一、第二步驟就會成功。多虧這個戰略，我一整天都很邋遢，到睡前反而變得最漂亮。

三個月過後，我之前累積的卡債都還清了，誘惑也幾乎煙消雲散。

不要被免費贈品輕易迷惑

有些時尚雜誌會附贈免費包包，但我怕大家認出那是贈品，所以連一次都沒有用過。我不過是喜歡蒐集、慾望太多罷了。我不久之前將那些附贈的包包全都掏出來，部分當作二手貨賣掉，部分送給我的妹妹們。同時也下定決心，我再也不要被免費贈品迷惑了！努力處理完後竟然還剩下六個雜誌贈品包包！我按照顏色將手拿包分類收藏，並將其中一個手拿包進行大改造。

1

先準備一個弄壞也沒差的雜誌贈品包

2

**準備一條已退流行
早就不戴的項鍊**

3

**使用熱熔膠將項鍊黏在
手拿包上就大功告成囉！**

時尚重點：展現出拿著名牌包般的自信！

然而，我的自信感就如同餵完母乳後的乳房那般小，因此最後還是將改造後的手拿包直接丟掉了。不要為了毫無用處的東西白費力氣和時間！不要再被免費贈品誘惑而亂買雜誌了！

不是衣服的錯，錯的是我

PART
3

好身材穿什麼都好看，開始運動吧！

我漸漸領悟到，若想要一直不買衣服，就得維持體重。生完孩子後體重增加，我再也穿不下之前的美麗衣服了。

我的身高是164cm，在懷孕前一直維持在54-56kg，生完孩子後就變成60-62kg。越來越難在網路商店找到適合的衣服。

網路上55碼（S號）或66碼（M號）的衣服很多，但為什麼77碼（L號）的衣服那麼稀少呢？是先有人才有衣服的啊！衣服不是應該搭配人才對嗎？

除了衣服的問題之外，我還有脊椎側彎，以及脖子前傾、骨盆歪斜的毛病，躺著睡覺時，腰和腳常常很容易腫脹、甚至痛到哭出來。肩膀也很僵硬。我有一點低血壓，只要稍微感到心煩，血液就無法流到頭部，引發劇烈頭痛、嘔吐。平常手腳冰冷，夏天不大流汗，到了冬天又非常怕冷。

我常去看診的中醫師勸我要多運動。除了考慮到體重問題，運動維持健康也可以節省看醫生的費用。

於是我狠下心加入了健身房的會員。一週免費上一次教練課，也會免費提供衣服和毛巾。一次簽約一年的話，還會有折扣。那間健身房跟我老公的公司有合作，我可以得到五折的優惠，換算下來一個月會費只要2萬5千元韓幣（約台幣600元）。

一開始教練說要先慢慢復健，所以教我一些簡單的運動。之後我又新增了幾堂教練課，搭配運動按摩，一週運動三次，勤上健身房。

過了六個月之後，我身上出現了神奇的變化。只要覺得熱就會流汗！睡覺時腰和腿沒有腫脹的問題、也不會痛！原本每個月一定會頭痛個一兩回，現在次數大幅減少。

我之前抱小孩抱到身體歪掉後，右手都舉不太起來，但現在漸漸可以舉起來了。運動的效果比我想像中更厲害！雖然我的體重依然是59kg沒有變，但身體感覺起來比之前健康，所以我非常開心。

我的健身教練一直到「不買衣服計畫」結束為止，都會幫我安排運動菜單，我也決定要持續努力下去！

「教練對不起！我吃了你說不能吃的東西。對不起！我沒有資格嚷嚷自己很辛苦！」我早上去健身房時，聽到更衣間裡一名女子的通話內容。

這名女子昨天明明去喝酒，今天卻還來健身房運動，她說了一句：「我來這邊才發現，原來纖細的人更努力！」我對這句話也深感共鳴。

表面上看起來不用努力的人，其實是更努力的。為了自己的健康，我要一直認真運動！

原來我每天
都穿一樣的衣服

某一天我在看手機相簿時，突然起了雞皮疙瘩。

原來我總是穿白色的針織衫。

明明我每天站在衣櫃前煩惱一小時以上，思考究竟該穿什麼出門。原來衣櫃掛了那麼多衣服，也只是徒增煩惱。我最後還不是挑一樣的衣服來穿！

但更讓我起雞皮疙瘩的是，每一件看起來相同的衣服，竟然都是不同件。

我還沒算米色衣服，只算象牙白的衣服就這麼多了。然而

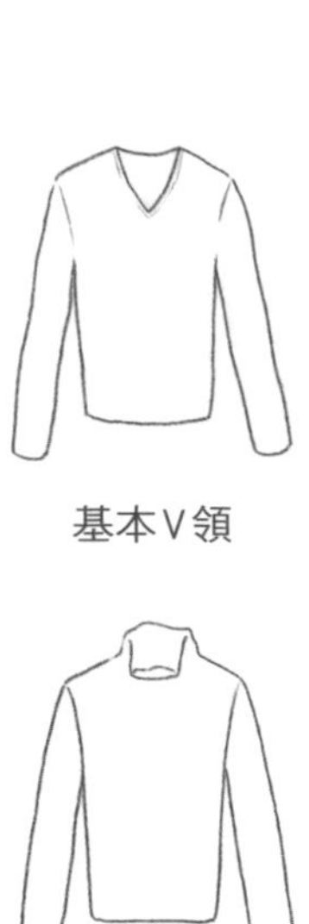
基本V領

基本圓領

貼身上衣

高領上衣

普通上衣

休閒上衣

正裝上衣

半高領上衣

鑲鑽針織上衣

基本版型

夏天七分袖

蕾絲上衣

珍珠造型鈕釦上衣

不曉得為什麼，我每天依然覺得衣服很少。

把衣服全都放在一起後才發現，我衣服真的很多，想清掉一些，卻煩惱了老半天也沒有一件覺得可以丟。

直到我將這些衣服一件件穿在身上後，終於明白了真相。

穿白色上衣時，我的膚色看起來會變白！

我為了確認這件事，把各種顏色的薄外套都套在身上比對膚色，發現穿不同顏色的衣服，膚色很明顯地不同。尤其是穿上白色衣服，我的臉就如同打了閃光燈那般明亮。難怪我前陣子會一直買白色上衣，都是有原因的啊！

我不自覺地重複購買類似衣服，原來是因為瞭解什麼衣服適合自己啊！（雖然看起來像隻白胖胖的豬）

我把白色針織衫當成自己的代表服裝，其他不穿的衣服都斷捨離。沒想到我煩惱了一百天，最後竟然選了白色針織衫，之前為什麼要留著其他顏色的上衣啊？**什麼衣服該留、什麼衣服該丟？我得先設定好自己的標準！**

一團亂的衣櫃，
其實是我的生活

每當換季時，我就會心癢癢地很想購物。

遇到這種情況時，有個方法很適合我，就是去看素人的街頭時尚穿搭照。通常這些街拍照片裡的主角穿的都不是特別的服裝，但神奇的是，街拍照的主角看起來都很帥氣美麗。

我也有像照片中那種基本款的薄外套啊……那種白色T恤我也有啊……如果我用好的相機拍攝，會變得比較美嗎？要不要乾脆去學修圖呢？胡思亂想一番之後，看到照片底下寫的文字時，心裡充滿了糾結。

「平常就很會穿搭。令人無法置信的是，你衣櫃裡的衣服其實很少。」

-《CLOSET VISIT》孫智娜

「作為一個設計師，這樣的衣櫃實在太小而美了。」

-《CLOSET VISIT》孫智娜

「就算有錢買得起那件衣服，但如果沒有度過符合那件衣服的生活，就無法充分發揮那件衣服原有的魅力。要擁有大衣櫃才能掛著滿滿的衣服，鞋子也要用心保養才能穿得久。必須要擁有時間和空間的餘裕，這些衣物才真的適合自己。自然而然領悟到這一點之後，再也不會草率地購入名牌服飾。

-《これからの暮らし方》門倉多仁亞等其他四位作者

讀了這些句子，我產生了一個想法：「**衣服象徵一個人的生活方式**」。也就是說，「廉價衣服堆積如山」不僅反映出我真實的生活模樣，同時也是「我試遍了各種穿著，卻找不到適合自己的風格」的證據。

仔細觀看自己的衣櫃後，我的內心變得更加沉重。怎麼會若無其事地看著這種衣櫃生活至今呢？

現在是我該改變的時候了。

因為不買衣服，
我才更了解自己

我進行「不買衣服計畫」起初的目標，是先找回之前一點一滴流失的錢。然而漸漸地，我開始對「斷捨離」的價值和「恢復自尊心」的醒悟產生興趣。生完小孩後變胖的我，總是素顏不化妝，只穿著運動服待在家裡。諷刺的是，從「不買衣服計畫」之後，我反而對穿著更加重視，對自己本身也有更深的了解。

這一年對我而言並非是只有忍耐的痛苦經歷，反而是讓我變得更加帥氣的過程。現在開始，我的目標不再是單純的「不買衣服計畫」，而是「在衣櫃裡購物」的更大計畫！我寫下了這計畫的三大階段。

第一階段　不買衣服

❶不買衣服　❷運動　❸寫日記

第二階段　挑選要留下的衣服

❶設定保留衣服的標準　❸選出每個月兩套外出服

❷參加形象塑造課程　❹參考雜誌和網路照片

第三階段　整理剩下的衣服

❶清掉90%的衣服　❷將衣服轉賣或送給別人

有個計畫叫做「The Uniform Project」，提倡每天都穿同一件衣服的「制服化」。但我不打算進行。我又不是蘋果或臉書的創辦人，就算減少挑選衣服的時間和力氣，也不會做什麼了不起的大事。說到底，像我這種平凡的家庭主婦，穿什麼衣服也沒有人在意吧！我並不是為了展示給別人看而穿搭，只是不想放棄取悅自己罷了！每當我穿上適合自己的衣服，心情就超級好，做每一件事都感到通體舒暢。

究竟什麼樣的衣服適合我？我應該要訂出具體的標準。為此，我開始尋找各種時尚或形象管理的講座資訊。

究竟，我想成為的
模樣是什麼？

為了瞭解自己適合什麼風格，我決定去聽一些講座。我看了一個介紹各種講座的網站，其中有一個講座的介紹非常吸引我，「衣櫃裡滿滿都是衣服，卻找不到適合的衣服嗎？透過精準的體型診斷，讓您找到適合的衣服！」我立刻報名這堂課。

講師的身材非常苗條、顏值也很高，感覺好像聽完講座，我也可以變得像講師那樣！這講座最後是以小規模七人制的方式進行，但時間實在太短了，在兩個半小時當中要為每一位同學進行個人基因色彩（Personal Color）分析（每個人天生擁有的顏色檢測）。

結果檢測完每個人的臉型和體型後，我真正在意的造型診斷，沒講多久就結束了。進行造型診斷的方式，是把兩人分成一組、幫忙對方看造型，但我的搭擋看了老半天，只給我一個結論：「我看不出有什麼差別！」

好險講師有選了一位模特兒來做說明。「我都省下兒子吃零食的錢來這裡聽講座了，肯定要值回票價啊！」我帶著想要回本的精神，全神貫注地舉手發問。在成為一位母親以前，我不可能會這樣做。當了母親之後，要我把包包丟在捷運空位上佔位置我都願意。

某次我隔了許久難得出門，決定要戴瞳孔放大片、畫很濃的妝，但在化妝時就遇到了難題，我的膚色究竟是暖色調還是冷色調？

當時我回想起講師斷定我的膚色是暖色調。但說穿了，如果連我自己都看不出來，用暖色調或冷色調的產品有差嗎？

由於我的臉比較長，講師還建議我把頭髮剪短且染髮。

雖然我的原意是好好學習穿搭後，挑選自己適合的衣服來進行「不買衣服計畫」，學習適合的妝髮似乎跟原本的意圖有點脫鉤，但我也是第一次上這種課程，覺得很有趣。畢竟都花錢去上課了，總是要好好實踐所學的東西嘛！

在課堂上，我最常被講師唸的就是「髮型」。我的臉又大又長，下巴稜角分明。現在的長髮反而凸顯出我的缺點。我的額頭很窄又有瀏海，看起來有點鬱悶。如果臉長再加上眼睛、鼻子、嘴巴都靠近上半部，下顎就會看起來更寬，臉頰上有許多空白。

因此講師建議我不要有瀏海，留短髮，長度大概到鎖骨左右。髮尾燙內彎，可以修飾長臉和下巴。至於染髮的顏色，講師建議我染符合個人基因色彩，「秋天暖色調」的卡其棕色。

研究了一番後，我便前往髮廊。但我還是決定保留瀏海，因為我實在沒有勇氣把臉全露出來。這是我人生第一次認真搜尋藝人的照片，還帶去髮廊。我不奢求長得一模一樣，只是要給設計師做個參考（我還有良心）。

「聽說這種造型很適合臉長的人對吧？」我充滿期待地打開了髮廊的門，準備迎接嶄新的自己。

結果那一次去髮廊的成果是……跟原本一樣的造型出來。

新長出來
的頭髮
懷孕生子時長出的頭髮
（髮質差得像狗毛）
懷孕之前
髮質還不錯

懷孕和生育究竟會對女性的身體產生多大的影響呢？可能我在懷孕期間吸收的養分都被胎兒搶走了，所以懷孕期間長出來的頭髮（現在頭髮的中間部分）變得像狗毛一樣毛躁，髮型設計師建議我現在不要變換髮型。如果現在剪頭髮，受損的部位會剛好位於髮尾，讓分岔的頭髮變得更加亂七八糟。

髮型設計師說，雖然可以幫我把髮質好的髮尾稍微燙捲，但這對修飾臉型毫無幫助。如果想變換髮型，可以等中間髮質差的部分變長，再一口氣剪短就好。

因此，最後我還是沒有改變髮型，跟平常長得一模一樣。我殷殷期待的大改造被迫中止。**原來電影那般戲劇性的大改造，在現實中是不可能的啊！**

幾個月後，我去上了化妝課。我在某個網路平台看到一則「我有自信能改造你！」的課程廣告文宣，深思熟慮後就報名了。沒想到參加講座後發現，參加人數很多，足足有十五個人，講師根本無法逐一照顧每個學員，可能是我第一次參與這種講座才不習慣吧！

課程介紹上說會幫我們做顏色診斷，所以我特地素顏過去。不過講師卻說我和別人狀況不太一樣，很難診斷，幫我用色系圍巾比對，苦惱了許久。最後講師說我的膚色適合春天型和秋天型，但因為已經三十多歲了，所以秋天型比較好。

竟然是按照年齡來判斷的？總覺得有點奇怪。

在眼妝課堂上，講師也教大家貼假睫毛的方法。我是單眼皮，但講師要我們都貼上假睫毛弄出雙眼皮。每個學員都必須檢查合格才能回家，所以我也照樣貼了假睫毛，但我比較喜歡我原本的眼睛。

我覺得很可惜，講師竟然建議我們用一模一樣的方式化妝。我以為自己會變很多，但果然沒那麼簡單，上課的錢也白費了。如果下次有機會能和專業彩妝師一對一學習化妝應該更好。老公還特別待在家裡幫我照顧兒子，我對他感到很抱歉。不久之後，這個網站就被懷疑在做美容產品的直銷，為此鬧得沸沸揚揚。

我想變成什麼樣子？想成為什麼樣的人？

與其期待別人告訴我答案，不如獨自沉澱思考一下吧！

小時候我從未想過自己會是現在這個模樣……
也不是說我想一直用二十幾歲的模樣生活啦！
但究竟我想成為怎樣的人呢？

找出我的命定髮型

我之前都一直亂花錢，所以現在只能找免費講座或價錢低廉的課程。後來我發現，有些百貨公司或文化中心會開設各式各樣的課程，而且價格非常便宜。因為剛好時間搭得上，我就去上了一堂化妝課，坐在那邊聽講的只有包含我在內的三個學員。因為學員人數少，老師很仔細地幫忙看每個人的妝，也稱讚我們，氣氛非常和睦有趣。

我決定要上化妝課程，正因為這是「在我的衣櫃裡購物計畫」的一環，我想藉此探索我適合的造型和喜好。有人說：「時尚的完成在於臉蛋」，我切身體悟到這句話的涵義了。

只要持續運動、更用心化妝，就算穿的是原本的衣服，感覺應該也會很不同吧！學員中只有我沒有化妝就來上課，所以講師把我當成示範，從頭到尾都幫我化妝。我之前因為下顎骨很寬而感到自卑，但講師說這代表晚年好運。我的臉上一直有痘疤，覺得臉看起來很髒，但講師卻說這是正常現象，不用太過在意。**別人明明不在意，我卻一直抓住自己的缺點，一直以來，我是否都這樣折磨自己呢？**我不禁開始自我省思。

後來講師說自己的主要專長是髮型，邀請我們去聽他的課，於是我就順勢報名了這位講師的「尋找適合自己的髮色和髮型」課程，一樣是超級划算的銅板價。

講師在前三十分鐘講了關於基本髮型和個人基因色彩的內容，剩下的一個小時裡，則親自為每個人做造型。講師在課程裡也提到以下幾點關於髮型大致上帶來的基本印象。

1. 短髮　　給人素雅的高級感，但短髮特別需要整理。

2. 長髮　　富有女人味和可愛感的典型女性髮型。

3. 盤髮／綁髮　　特殊的造型會給人眼睛一亮的感覺。但對於頭型扁平，或是直髮的人來說，必須要有一定的技巧才行。

4. 時常修剪

經常修剪頭髮可以帶給人精明幹練的感覺。剪頭髮時，每個人髮線的方向和頭部曲線都不同，所以蓬鬆感非常重要，建議2-4週修剪一次，才能維持漂亮的蓬鬆感和髮型。

整堂課聽下來，在髮型方面最重要的就是「分線」和「髮色」。為了找出適合每個人的髮色，講師幫每個學員都看了一遍個人基因色彩。雖然我膚色屬於暖色調，但我的輪廓和個人形象宛如春天。

上一次的彩妝課程講師說我屬於秋天型，所以我一直在尋找跟秋天型有關的書，甚至還買了一、兩個口紅，但這一位講師卻說我是春天型。人生好難啊！

之後講師也逐一傾聽每個學員對於髮型的煩惱，並親自示範、傳授解決方法，我的煩惱是找不到適合臉型的髮型。講師建議我可以先染亮一點的髮色。此外，為了遮住我的長臉，比起現在的一字型瀏海，露出額頭可能更好一些。她說，現在我的頭髮分線有些雜亂，先把分邊整理好，然後再把頭髮剪短一點點，把髮尾處燙內彎修飾我的方下巴。

為了讓我看一下感覺，講師先使用造型產品幫我做造型。怎麼感覺有點熟悉？這跟幾個月前我第一次上課時聽到的內容一模一樣！果然這個髮型最適合我嗎？我立刻拿著手上髮廊的五折優惠券去弄頭髮。

幸好這段時間我的頭髮長了許多，髮質修復的速度也很快，所以設計師說我髮尾弄內彎也不成問題。弄完頭髮後，我詢問老公看起來有沒有哪裡不一樣？老公竟然回答說「看不太出來」。這些男人！

不過，我好久沒變髮型了，心情很不錯。除了育兒和家務事之外還能學習其他東西，這本身就帶給我許多樂趣。

竟然有這麼多便宜又棒的講座！我應該要省下買衣服的時間和精力，多多參與這類型的講座才對。

別管衣服了，
先管身體吧！

「不買衣服計畫」已經進行六個月了。

我決定要進行中場檢討。

但最大的問題竟然是我的「體重」！

從去年夏天開始，我每週都進行一對一的健身教練課，多虧教練的協助，我的體重從62公斤降到58.5公斤，歪斜的肩膀和腰都得到矯正，肌肉量也增加了。

最近天氣開始變得溫暖，夏天即將來臨，我決定要瞞著教練加快我減肥的進度。早餐就跟原本一樣只喝一杯牛奶，中餐吃便利商店賣的蒟蒻麵（75kcal），晚餐則吃正常分量的三分之二。我更換菜單後，體重竟然還增加到59.9kg！老實說是60kg！我體重竟然進位了！

不對啊！我都快餓瘋了！

雖然我體重變重，但說不定肌肉量有增加嘛！於是我跑去量了InBody，結果肌肉量卻沒變。這狀況真是讓我快抓狂了。

最後我只好向教練坦承這段期間我幹的好事，教練大發雷霆，叫我把那該死的蒟蒻麵全都拿去扔了，還問我有沒有確認過蒟蒻麵的鈉含量？難怪那麼美味！我還以為這世界上真的有美味又不會變胖的食物。

「為什麼都沒有吃蛋白質？減肥這條路上沒有捷徑！」教練對我長篇大論訓斥了一番。總結一句，如果你想付錢挨罵，沒有比起健身房更適合的地方了！

仔細想想，我上次好像也擅自進行餓肚子運動，結果搞得頭暈目眩，肥肉絲毫沒變少（只有肌肉變少了），當然最後也被教練罵慘了。

餓肚子的時候，我變得很神經質、經常對老公發脾氣，吃了東西後體重又變重。我這個人只要個性一急，就變得很健忘。不過也才4-5kg而已，為什麼我要為此每天壓力大、煩惱到不行呢？

因此我下定了決心。如果到六月底之前沒有瘦到55kg，我就取消六個月挑戰成功的獎品——洋裝。我帶著必勝的決心，將這個決定公開於部落格。

教練幫我擬定了菜單：早餐吃牛奶和雞胸肉、中餐吃一般正餐的三分之二、運動完可以吃兩個地瓜和雞胸肉作為點心，晚餐吃一般正餐的三分之二。教練叫我吃的東西比想像中更豐盛，卻反而讓我猶豫不決。不是要吃少一點才能瘦嗎？

但是之後我突然變得很忙，連續十天中，每天只能勉強吃一餐。我還為此暗自期待會不會變瘦，結果連一點點肥肉都沒有消失。之後我又恢復正常吃飯。「哎！我完蛋了！餓肚子都沒變瘦了，現在又開始正常吃飯，肯定會胖超多！」產生這樣的念頭後，我變得好憂鬱。

結果，這到底是怎麼一回事？

我早上量體重，竟然從60kg掉到了58kg ！人體真是神祕。

我不曉得這是什麼狀況。過度努力反而做不到。

我養成運動習慣後，開始很會流汗，痘痘也變少了。之前我只花心思在衣服上，對我的身體狀態太不重視了。**衣服是襯托身體的東西，但我卻本末倒置！**問題根本不是出在衣服，而是我的身體啊！

從內在開始的
時尚練習生

我之前聽過形象塑造的講座，但那時只聽了單堂的講座、學得還不夠，所以我後續又報名了正式的全套課程。我讀了講師金周美的著作《外貌是自尊心》之後，覺得內容很不錯，所以一看到開課就立刻報名了。

課程都在週間舉辦，為了上課，我還特地從仁川去到盆唐。對於需要照顧孩子的我，這並不容易。生完孩子之後我搬家到娘家附近真是天大的萬幸。媽媽，我愛你！

特地去上課這件事，對我和媽媽而言都很辛苦。但自從生完孩子後，我似乎不曾如此專注在自己身上過。

第一堂課的主題是「自我形象檢視」，講師要我們檢視自己的形象之後，再設定自己想成為的樣子。前半部分講師先說明了形象的意義，講師說，打理外貌並非人生的全部、也非一件不好的事，「打理外貌」是「愛自己的過程」。

「變美」並非我的目標，思考清楚「我是誰？」之後，清楚將自己的形象傳達給他人，就是所謂的「形象塑造」。為了達到這個目的，必須要清楚自己想塑造成什麼樣的形象，對自己也要有自信才行。

講師還特別強調，「形象塑造」並非要自己裝扮一個虛假的自己，然後亮眼展現給他人看。發掘自己本身具備的優點並展現出來，這才是重點。

美的標準不需要符合這個世界的標準，「打理外貌」也是照顧自身、使自己擁有正面形象的行為。

我以為「形象塑造」就如同電視裡演的那樣，由專家幫助人們大改造，透過這次的課程，我對形象塑造的看法完全改觀了。講師準備了自我檢核表，透過撰寫這份表格，不僅掌握了自己缺乏的部分，也可以思考自己待改進的地方。

「用一句話定義你自己」這個題目，直到課程結束前，我都回答不出來。至於「缺點」這一題我倒是寫了超級多。**我從未思考過自己是一個怎麼樣的人，只有想變成的模樣。**我似乎從未認定過現在的自己。

講師持續強調說，決定自我形象的標準要依照自己對自我的想法，並非依照別人對你的評價來決定。「表情」是最重要的，講師也叫我們拍下自己不笑和微笑的表情來看看。

看完其他人拍的照片，我對於表情的重要性深有同感。決定使出全力完成這份表格。

想聽看看我是怎麼樣的人嗎？

→和藹但有話直說。微笑、充滿朝氣的眼神、端正的姿態和穩重的口吻，剛剛好的身材和端正的穿著。

第二個禮拜的課程，邀請了個人基因色彩分析（Personal Color）的講師們來上課。是一個費用高又很難預約的團體。我對於即將發生的事情一無所知，一臉素顏呆樣地坐著等待。

之前每次請別人幫我看個人色彩時，雖然大家都搞不太清楚，但每個人都說我屬於「暖色肌」。不久之前，我在買新粉底時，櫃姐也推薦我買暖色系的粉底，所以我非常確定自己屬於暖色系。上課當天衣服肯定也會被檢查，我還特地穿了符合暖色肌的卡其色迷彩大衣，充滿自信地去上課。

不過令我感到意外的是，講師說我的膚色是「夏季型」，卡其色的服裝並不適合我，叫我絕對不要再穿卡其色了！之前我誤以為自己屬於「暖色系」時搜集的各種唇膏，一一閃過腦海。

早知道一開始就先接受專家的分析！

我之前都幹了什麼好事？

我的錢！我的時間！我的努力！啊啊啊啊啊啊啊！

講師說膚色很容易被搞混。

「夏季型」的膚色常常被誤以為是「秋季型」，講師推薦我可以嘗試看看從未用過的紫色或豆沙色化妝品，只要色號上有「Orchid」這個字就幾乎都適合。我在回家的路上經過化妝品店，試色後驚為天人，真的很適合我！

到家後，我不禁深思了起來。

「連專家都有可能搞混人的膚色，真的有必要執著於膚色嗎？會不會只是先入為主的觀念罷了？」

我覺得試穿各種顏色的衣服、試擦各種顏色的化妝品很有趣！個人基因色彩分析就當參考，還是穿自己喜歡的衣服、擦自己喜歡的化妝品吧！

心情好比較重要。我自己下了這個結論。

結果回家後的老公跟我說：「顏色不是重點啦！五官才是重點！」當我聽到這個殘酷的真相後，更深刻地頓悟了。啊！原來如此……

相由心生，
「時尚」也是

第一個禮拜的課程我們設定了「形象塑造」的目標，第二個禮拜則是「個人基因色彩分析」，終於來到第三個禮拜，具體的造型穿搭課。

這是一堂時尚造型課程。在時尚課程中也一樣要我們寫下「現在的自己看起來是什麼模樣？」，以及「未來想呈現什麼樣子給別人看？」

雖然知道要穿適合自己的衣服來修飾身材，但這個世界上漂亮衣服實在太多，我想穿的、便宜的衣服也實在數不完。課程中有一個環節要學員們思考「選擇那些衣服來穿的理由」。

CONCEPT & STYLING PLAN

形象檢測表

古典 ☐	現代 ☐	異國 ☐
性感 ☐	浪漫 ☐	優雅 ☐
時髦 ☐	緊身 ☐	休閒 ☐
自然 ☐	舒適 ☐	高級感 ☐
溫柔 ☐	魅力 ☐	溫暖 ☐
可愛 ☐	花俏 ☐	氣質 ☐
女人味 ☐	中性 ☐	都市 ☐
獨特 ☐	運動 ☐	簡約 ☐

上課的學員們傳閱檢測表，圈選出彼此的形象。我之前也很好奇自己在他人眼中的形象，但不知道如何詢問，現在有了提示具體的單字，比起主觀的形容詞來得更好。

「舒適」、「溫柔」這兩個形容詞在我的形象檢核表中被重複圈選很多次。接下來要用紅色標示出自己想具備的形象，然後再發表其中兩個形容詞。我之前上課時就已經決定要具備「高級感」和「女人味」這兩種形象，所以立刻圈選下來了。從這件事上就可以清楚看出他人眼中的自己，跟自己想要塑造的形象差距有多少。

我知道自己給人一種親近熟悉的形象，因為我很常聽到別人說「你好像我認識的某個人！」我想了很久，最大的原因應該在於我跟人聊天的方式。舉例來說，當有人說：「我家很亂耶！」通常有用兩種方式可以回答，一種是附和：「真的，我家也很亂！」，另一種則是建議：「只要這樣打掃就會變乾淨。」

我都會選擇附和對方。通常對方就會認為我跟他是同類人、覺得很好笑，有些人甚至會反過來給我建議。

因此我將目標設定為「成為一個看起來不平凡的人」。講師說要更換成正面的單字，就幫我修改成「高級感」這個形容詞。接下來每個人都要輪流上台，由講師幫忙分析體型並告訴我們適合的造型。目前我面臨了三個難題：

一、生完孩子後變胖。

二、臉很大。

三、穿正裝比穿休閒服好看，但身為家庭主婦很少穿正裝。

針對這部分，講師給了我以下建議：

一、避免穿領口太窄的衣服，不然就得搭配顯眼的大項鍊創造出頸部的線條。

二、穿及膝裙比穿短裙更能修飾大腿、更顯瘦。

三、穿尖頭鞋比圓頭鞋更好，亮面材質的鞋子比霧面材質更能顯現出高級感。

四、穿休閒服時不要亂穿，要穿能凸顯身材曲線的「直線型衣服」（例如外套等）來搭配自己想塑造的形象。

此外，我也希望能修飾自己的四方下巴，講師便給了我以下的建議：

一、將髮線分邊成1:9或2:8。

二、把瀏海留長，露出額頭（遮住額頭反而會突顯下巴）。

三、頭髮留長到靠近下巴時，用成微捲。

四、露出額頭後，一定要畫眉毛。

五、染髮時要染紅棕色。

六、不要用黑色的眼線筆和眉筆，選擇棕色系。

講師說，並不是所有冷色系膚色的人都適合黑色。也告訴我簡單的修眉方法。我之前都不在意自己的眉毛，但修眉後，看起來真的不一樣，好奇妙！本來第四個禮拜的課程，講師還會親自帶我們去購物，可惜那天的課程我有其他事情無法參與。「反正今年我決定不買衣服！」我還這樣安慰了自己。

終於到了最後一堂課。

第五個禮拜的課程是一趟尋找自我的旅程，要找出自己想度過何種生活。透過這堂課程，我再也不會跟別人比較，也不會在意別人眼中的「漂亮」標準。

這真是一趟奇幻旅程。

最後一堂課，講師將第一堂課寫的自我檢核表歸還給我們，要我們重新圈選一次。另外又提供了五十個待填的問題，大致如下：

我愛自己嗎？

我是否具備正面的態度？

對於我所擁有的一切，我是否心懷感恩？

每天是否有花一點時間來檢視自我？

大部分的學員在第一堂課都圈選了不到二十個選項。但到了第五堂課，大多數的學員都圈選了接近四十個選項。

看完結果之後，有一個學員發表了心得：「講師您不僅改變了我們的外表，更改變了我們的內在呢！」

他說的沒錯！我們在五個禮拜當中，一點一滴產生變化了。大家的髮型變了、穿搭方式改變了，但更重要的是，我們的表情也改變了。

這五個禮拜，**我們並沒有變得像演藝明星漂亮，但卻產生了能持續努力的意志力**。「我踏出了瞭解自我的第一步！我可以做到的！」對自己產生了肯定的力量。

我的牙齒有點爆、微笑時牙齦很明顯，所以一直都有種自卑感。我的顴骨、下巴和牙齒宣告要各自為政，所以全都突出來。拍照起來肯定是個大醜女，所以從小時候在學校上課時，只要大家說要拍照我就會逃跑，拍團體照時也常常溜走。「自拍」時會把嘴巴緊緊閉著，幾乎所有照片都長一樣。

但講師要我們每天拍下自己微笑的照片上傳到「群組」當成回家作業，真的很困擾。一開始我照樣上傳嘴巴緊閉的照片，但講師叫我要換拍照的表情，其他學員也照樣鼓勵我。這實在太難了，我甚至得跟孩子一起玩鬧來拍照。

我鼓起勇氣拍下自己露出牙齒、自然微笑的模樣後，大家的反應超級熱烈。講師說我的自卑感只有自己知道，不說的話，別人根本不會發現，要我有自信一點！最近我拍的照片也都是燦笑的照片。

這常課在我身上真的起了很大的變化。

世界上的衣服超級多。最近連漂亮衣服都變得很便宜。然而，我不可能穿完所有的衣服啊！那麼，究竟該制定什麼標準來挑選衣服呢？上課時講師要我們思考選衣服的標準，而那個標準就是自己「**內在的聲音**」。

設定衣物的挑選準則

我在上形象塑造課程時，講師要我們回答兩個題目。

第一、我是誰？我想展現什麼樣子給別人看？
第二、我適合怎樣的服裝風格？

這兩個題目實在太難回答。

由於我從未思考過這些問題，我決定要趁著這次機會認真地思考看看。

我是誰？我想展現什麼樣子給別人看？

關於我的外貌，我常常聽到別人對我說：「你長得很像某個我認識的人！」意思就是我有大眾臉嘛！但是擁有大眾臉的五官，這又不是能解決的事情，所以我早就放棄了。不過我也在思考有沒有其他對策。

那麼，我想聽到什麼樣的稱讚呢？

「您長得一表人才！」「高級臉！」「好有女人味～」

我想聽的是這些。

最近常常聽到「您是女生嗎？」很多人看到我比較中性的部落格帳號，就誤以為我是男生。聽到這些話我也覺得很有趣，大眾臉似乎也成了大家對我的記憶點（沒想到竟然擁有這樣的逆轉魅力）。

還有，我也想聽見「高級臉（看起來不簡單）」、「有女人味」這些稱讚。為此我設定了兩個實踐項目。

第一、穿端莊的衣服（看起來不寒酸，也不要太強勢）。

第二、不要再買便宜衣服，要買就買好一點的。

我適合怎樣的服裝風格？

這問題太模糊了，所以我透過以下的問題來仔細分析：

現在穿的衣服符合我的年紀嗎？

——＞有符合三十五歲～四十歲出頭的年紀嗎？

有符合身材嗎？

——＞看起來有修飾身型的效果嗎？

穿著得體嗎？

——＞我最大的問題反而是正裝過多。

我所擁有的衣服不是正裝就是運動服。反而沒有適合穿來跟人見面的那種不浮誇又不失禮的衣服。我決定要整理掉一半以上的正裝，找一些舒適的衣服來穿。最優先要斷捨離的就是沒在穿的正裝，還有明顯是便宜貨的正裝、不符合年紀的正裝，還有穿起來很胖的正裝。

寫到一半突然對於自己看起來很胖的部分感到有點在意。

究竟「瘦」的標準是誰設定的？我開始陷入深思。

事先決定好
自己的外出服

突然有朋友約我出去！我不得不落入同樣的循環。

第一步　那天要穿什麼赴約？

第二步　打開衣櫃卻找不到可以穿的！

第三步　不得已只好買一件新的。

「你是有衣服可以穿出門的！醒醒吧！」為了能夠告訴未來的自己這句話，我決定事先選好外出服。

「到底去年我都穿什麼衣服出門啊？再怎麼看都找不到可以

穿的衣服耶！」我也參考了講師在課堂上傳授的技巧，不過在挑選的過程中卻陷入了難關。

在我苦惱不已時，之前拍下來的日常穿搭照幫了我一個大忙。看照片就可以曉得我最常穿的是哪些衣服。我常穿的衣服大致分成兩大類。

① 正裝風格（婚喪喜慶、宗教活動）

② 休閒風格（上課、跟朋友見面）

我選好每個月的外出服後拍照記錄下來了。「穿端莊的衣服、禁止便宜貨！」我按照這個自己決定的標準挑選了外出服。我上班時穿的那些衣服們都還好端端待在衣櫃裡，我主要都穿這些衣服。

我看日記時也發現，其實我很少有太臨時或頻繁的約。而且見面的人也沒有重複，換句話說，我就算穿同一件衣服也根本不會有人發現。究竟，**我之前為什麼堅持每個約都要穿不同的衣服啊？**

從身體開始的大改造

不久之前我跟部落格的網友們一起建立了一個群組，每個人得先繳出3萬韓幣，只有減肥成功的人可以拿回3萬韓幣。

我每週上三次教練課，還下載了「每日走一萬步」的App，每天都有達成目標，但體重卻一毫不減。

正好當時《奇蹟的五十天》的作者金聖泰舉辦了一場講座。其實我還沒讀過那本書，不曉得書的具體內容，但我還是去聽了講座。一開始還很悠哉隨興坐著聽，不知不覺就開始端正了坐姿。「只要身體改變，人生就會改變！」這是金作家親身驗證的人生哲學。

金作家透過公開招募的方式錄取了一個有名大企業的工作。當時公司的工作量非常重。有一天他在上班途中發生車禍，腰部嚴重受傷。腰傷都還來不及痊癒，就得繼續埋沒於繁重的工作量，加班到沒日沒夜。為了忘記腰傷的痛楚，他必須每天喝點酒才能入睡，結果身體變得很浮腫，作家開始責怪自己：「我明明很努力生活，為什麼會變成這副模樣呢？」

煩惱了老半天，最後金作家在「努力生活」這幾個字當中找到了方向。他領悟到自己一直以來都搞錯了前進的方向，開始努力減肥。然而，嘗試了各種流行的減肥方法後，即使一開始有效，很快又還是以「復胖」的失敗收場。於是他開始跑馬拉松、游泳，結果在五個月當中瘦了15kg，甚至報名各種健美業餘賽獲獎。

據說他一天運動四小時，我感受到這個人真的做什麼就像什麼！上班前會在清晨運動一小時，中午簡單吃中餐後運動一小時，晚上運動一小時。等十一點、十二點下班後，回家的路上也運動一小時，一天總共運動四小時。

我詢問作家：「您工作量都那麼繁重了，是怎麼做到一天運動四小時的呢？」，他回答我：「最重要的是『動力』。我有個女兒即將誕生，不想成為讓女兒丟臉的爸爸。」現在每年他都會跟女兒一起拍照留念。

啊！我老說自己沒時間運動，根本是藉口！

每次提到「減肥」，就會聯想到「有氧運動、餓肚子、禁止喝酒」。不過，金作家說這三點都是錯的！講座的重點就是在說明這一點。

他還強調，只是去健身房拼命跑跑步機是沒有用的！關鍵在「肌力訓練」！特別是可以消耗很多熱量的大腿運動。比起跑步機，講師更推薦踏步機，比起走路，上下樓梯更有幫助。

此外，如果是透過餓肚子減肥，之後肯定會暴飲暴食，所以金作家建議我們維持在不餓肚子也不會過飽的狀態。

把一天吃的食物分量分成五餐吃，咖啡不要在飯後立刻喝，要等飯後兩、三個小時之後再喝。還有，酒是揮發性酒精，所以喝酒並不會胖，會使人變胖的是下酒菜。難怪我明明沒有喝酒，但每次和朋友去喝酒的場合就會變胖。

金作家開始運動之後，神奇的事發生了！他在公司總是拿到業績第一名。他表示：最能使人獲得成就感、養成耐力和自信感的就是運動了！

果真是「修身、齊家、治國、平天下」！**身體狀況變好也深愛家庭的他，在社會上也得到了認定。**

我私下另外詢問了作家一些問題。金作家鼓勵我說，運動本來就不會有顯著的減肥效果，這句話賦予了我勇氣。此外，不需要減少食量，而是要減少攝取碳水化合物的量，增加蛋白質的攝取。

「是因為我沒有餓肚子才沒有變瘦的嗎？我應該要餓肚子嗎？」我之前一直為此苦惱，透過這次的講座終於讓我內心一直以來的疑慮安定下來。

回家的路上我立馬報名了5km的馬拉松路跑。我之前從未嘗試過馬拉松路跑，我剛參加完這個很棒的講座，如果沒有趁機下定決心報名馬拉松，之後可能永遠不會嘗試了。

如果能夠全力以赴達成目標當然很好，但即使目標尚未達成，我也已經感受到運動使我的體力變好了。我找到了一輩子的興趣！真開心！

不得不面對的衣櫃大掃除

晚上的天氣變得冷颼颼的，看樣子秋天終於來了！

我想找一件衣服套在身上，衣櫃裡掛的衣服很多，但翻來翻去卻沒有一件適合的可以穿。

我一件件仔細計算，發現外套共有36件。風衣外套有9件，西裝外套有11件，連帽外套有4件，毛呢外套有3件，軍裝外套和牛仔外套等共有9件。

這還是我去年搬家時丟了一半外套後剩下的數量呢！明明每天都穿同一件皮外套或飛行外套，我何苦要辛苦照顧那麼多位主子？

我決定先從風衣外套下手。

這些風衣外套裡面，有大學時期穿的風衣外套，還有一件懷孕時因為本來的外套不夠保暖，臨時買來抵擋寒冬的外套。

去年我在整理衣櫃時，一直死守這幾件風衣外套不願意丟掉。我想我當時想守護的並非衣服，而是回憶吧！

9件大衣外套當中，我斷捨離了6件，剩下3件讓它們繼續待在衣櫃裡。雖然其實那3件我也不是非常滿意。決定了，明年我要買一件好的風衣外套，然後把現在的這幾件都丟掉。

上週我陪妹妹去地下街和百貨公司逛街，但買不到她喜歡的衣服。於是妹妹這回跑來我的衣櫃購物。她給了我一件我一直想擁有的T恤，然後把我的2件開襟衫、雪紡上衣和洋裝塞進她的包包裡帶走了。

我跟妹妹一起算了一下，我的開襟衫竟然有70件左右！同時還意外發現了放在其他地方的外套。原來薄外套並非36件，而是44件！

聽聞此消息的九月洞女子（我的母親大人）也決定出動了！母親大人也想要幾件開襟衫，於是我再次打開衣櫃。

「為什麼有這麼多粉紅色的開襟衫啊？」

「媽……這不是粉紅色啦！這是粉膚色！」

「那這件呢？」

PINK CARDIGAN

「這件是暖粉色、那件是玫瑰粉，下面那件是淡粉紅色，這是珊瑚粉，另外那件是草莓牛奶色……總之，都是不同的顏色啦！」我和母親大人進行了這番對話，差一點就被狠狠地殺掉了（結果還是挨了一拳）。

更搞笑的是，我平常很少穿開襟衫。

因為只要裡面加一件衣服，手臂就會很緊繃。但我又很喜歡針織材質的衣服。明明就沒在穿卻搜集了一堆開襟衫，看來我是開襟衫「腦粉」無誤。

最後母親大人也選了幾件衣服帶走了。但照這樣每次只清理掉一兩件是不夠了。

我決定要進行整個衣櫃的大掃除！

我的
「孕媽咪」
時尚演化

我在懷孕時也無法放棄追求時尚，總是穿正裝加外套去上班。衣櫥裡滿滿都是裙子和襯衫。我不太適合休閒的穿搭，所以一直很苦惱生完小孩該穿什麼才好。

生小孩前，我自以為是時尚巨星，還會戴著墨鏡出門。

孩子出生後，育兒揹帶成為必備單品。因為兒子很喜歡抓我頭髮，我都會把頭髮綁起來。戴墨鏡走路可能會跌倒，讓兒子受傷，所以我也不再戴墨鏡了。

穿高跟鞋很難抓住重心，所以一律改穿方便行走的運動鞋。穿裙子也很難行動，所以全數換成褲襪＋襪子。

　　我擔心兒子受寒，所以在春秋季節會幫他包襁褓，冬天則直接一條毯子。包包裡裝滿了嬰兒尿布和水瓶等嬰兒用品。生完小孩之後，大腿的肥肉和內八腿就再也沒離開過我了。

　　沒有洗頭的日子就靠帽子度過。要拿的行李很多時，我會揹著背包，手上再另外提一個輕便的袋子。

6

啊！我又生了老二……別管什麼時尚了！舒適才是王道啊！

我需要一件兒子流鼻涕時可以立刻幫他擦拭的T恤。兒子掉東西時，要不斷彎身下去撿，所以需要一件彎身一百次也不會卡住肚子、不會露出股溝的褲子。配戴嬰兒揹帶後看不到下面，一雙隨便穿也不會不舒服的鞋子更不能少。

以下是我生完孩子後的主要穿搭單品：

洗了幾次就鬆掉的T恤＋生小孩之前根本沒看過的內搭褲（為了僅存的自尊心，我特地選了有設計感的來穿）。

我平時出門需要配戴嬰兒揹帶，如果穿運動鞋，彎腰繫鞋帶很辛苦，所以我買了三雙懶人鞋。

據說穿衣服也要配合T（Time，時間）、P（Place，場所）、O（Occasion，情境）來穿，那麼，需要照顧小孩的媽咪們的T.P.O又是什麼呢？

整理衣櫃，
順便整理人生

PART 4

在衣櫃中
檢視到的自我

「不買衣服計畫」已超越了單純想「節制」的程度，成為了檢視自我的機會。只輪流穿現有的衣服，反而讓我開始注意自己的體型和搭配。

我在不買衣服後，才體悟到買衣服也是一個心理層面的問題。當我開始珍惜現有的衣服，在管理衣服、洗滌衣服的過程中明白了一件事，原來對衣服的滿足感並非來自數量。我停止買衣服後，仔細檢視衣櫃，發現有些衣服早就變黃了，只是霸佔衣櫃的空間而已。由於數量太多，有些早就疊成一團變得皺巴巴的，又懶得每次都重新熨燙衣服，所以索性不穿。

這些衣服我明明沒在穿，又何苦為了買便宜一點逛遍購物中心，耗盡我的精力和時間呢？我以後要花時間多思考如何善用自己所擁有的衣服，其他沒穿到的一律整理掉。我能管理幾件衣服？如何有效率穿搭？我的自我探索旅程啟航了。

一開始就是開襟衫讓我萌生衣櫃大掃除的念頭，所以我決定第一步就先來著手整理開襟衫。我的開襟衫數量不是70件，而是82件。

#要扔掉的或二手轉賣的先選20件。
#媽媽和弟弟（借）給我的6件。
#56件先擱置。

最大的問題是，我的衣服堆積如山，即使整理了也看太不出來。打開衣櫃一看，有些衣服連一次都沒穿過。 聽說拿去義賣會賣的話，一件只能賣3千或5千韓幣（約台幣70-120元），這樣太可惜了。真不曉得該怎麼處理這些衣服！

「像是黑色、灰色、白色這種衣服，每個人本來都會有個四五件吧？有公主袖的、沒有公主袖的，長版、短版的，穿起來感覺都不一樣。我也擁有三四件咖啡色或直條紋的衣服，但每一件穿起來感覺都不一樣嘛！」總之，我就是捨不得丟！

雖然最近不常穿開襟衫，但我很認真運動，等瘦身成功就可以穿了！這些衣服都完好無缺，我決定先收藏起來。明天的目標打算整理長袖雪紡上衣。我一邊整理開襟衫，一邊計算雪紡上衣的數量，發現雪紡上衣的數量竟然高達98件。這真的整理得完嗎？

「不再感到怦然心動的衣服，全都斷捨離吧！」我把這句話銘記在心，重新檢查了一次我的開襟衫、長袖雪紡上衣和春秋薄外套。這次的衣櫃大掃除成果如下：

開襟衫　總共83件 - 清理掉26件 = 保留57件
長袖雪紡上衣　總共98件 - 清理掉23件 = 保留75件
春秋薄外套　總共44件 - 清理掉13件 = 保留31件

我一共整理掉了62件，但留下的衣服還是很多。原本以為只要整理完，衣櫃就會煥然一新，沒想到跟想像中的不同，我感到非常慌張！留下來的每一件衣服都讓我感到怦然心動，我該怎麼辦？我挑選衣服的標準似乎太籠統了。

我準備好了！沒有不能丟的東西

我找妹妹們來幫我整理箱子。將7箱裝滿T恤和針織上衣的收納箱縮減成4箱（3箱裝針織上衣，1箱裝洋裝）。

此外，我也將不常穿的外套大整理了一翻，掛在衣架上的量減少了四分之一。衣架上衣服之間的間隔變得寬鬆，原本掛在別處的兒子衣服，現在也可以跟我的衣服掛在一起了。下次整理的目標是再減少一箱、掛起來的衣服再減少一半！

在整理衣服時，我發現有幾件衣服明明全新未穿過，卻起滿了毛球。針織上衣會起毛球是當然的，但就連套裝的裙子上也佈滿毛球。反覆抽出來又摺進去，肯定讓衣服吃了不少苦頭，應該就是在這過程中起毛球的吧。這些衣服連一次都沒穿出門過就報廢了，我一邊反省，一邊心碎一地。

我持續進行衣櫃大掃除。**之前死命堅持不丟的衣服，過了幾個月就願意丟了，人的心裡還真神奇！**我把可以丟的衣服都丟了、妹妹們也來我衣櫃參觀並拿走了幾件衣服，剩下的我決定全都捐贈出去。

我有一雙平底鞋的鞋底都磨平了，還破了個小洞，但實在太喜歡這雙鞋，一直以來都捨不得丟掉。這次我一起清理掉了。不過，在清理掉之前，我有特地幫這雙鞋拍照留念。既然鞋櫃都打開了，我就順便整理了鞋櫃內的其他雙鞋和老公的鞋子。我老公太扯了！結婚時穿的鞋子都破洞了，竟然還在穿！鞋子該丟的都丟了，也不需要再另外買鞋架了。

我在整理時心情很好，連之前搜集的雜誌和新聞報紙都一起清掉了。我一直以為自己有一天會再拿這些報章雜誌來看，但根本不曾翻開過。新的潮流都還沒跟上就這樣結束了……

整理衣服的
自我反省時間

我向要捐贈衣物的機構申請了衣服回收後，突然變得很焦慮。他們說要集滿三箱才會到府取貨，但寄來的箱子實在超大一箱。裝得下電腦椅的大箱子，要裝滿三箱也太困難了吧！

我整理衣櫃最大的壯舉就是讓老公也一起參與。老公婚後急速發胖，衣服整整大了一個size，以前的衣服也都沒丟，一直跟新買的衣服混在一起。

好險有整理衣服，現在才可以清楚區分出老公穿得下的衣服，和穿不下的衣服了。

老公最近一直重複穿同樣的三件T恤。他大概也跟我一樣罹患了無法斷捨離的病吧。連買完電腦之後的紙箱都還留在倉庫，裡頭堆滿各種沒丟掉的雜物。莫非這是傳染病？

不過，當我把老公的衣服全部翻出來時，又開始反省了。老公所有的衣服加起來竟然比我一季的衣服還少。為了確認衣服還穿得下，老公把每件衣服都試穿了一輪，結果也才花不到半小時。我們一起整理掉了將近一半的衣服。剩下的就要靠我自己多努力了！

我有一堆衣服是連標籤都沒剪過的全新品。

因為我之前罹患的病：同款包色（買下同一個款式衣服的所有顏色）。

既然講到「同款包色」，順帶一提，我還包色買過單價一萬元韓幣（約台幣230元）的便宜抽繩褲，每到夏天就每天輪流穿不同的顏色。

我有很多同個色系、同款花紋的衣服。

整理衣櫃的時間就是自我反省的時間。

「我之後不會再這樣做了！老公大人，我對不起您！」

這次我把T恤全都翻出來，發現竟然還有好幾件大學時期穿的T恤。還有許多超過五年沒穿的衣服，這些都被我優先整理掉了。

我以前很喜歡穿那種「很仙的洋裝」，但這些洋裝早就不適合我了。衣服果真還是要符合年紀來穿。仙氣滿滿的洋裝們！謝謝你們之前的陪伴，慢走不送了！

還有一些拉鍊早就拉不起來的S號衣服、看起來漂亮，但蕾絲過度浮誇穿不出門，只適合套在假人模特兒上展示的洋裝、不值多少錢的便宜洋裝和外套、勉勉強強才能拉起拉鍊，赤裸裸展現我豐厚小腹的貼身洋裝，全都慢走不送！希望你們能在好地方遇見珍惜你們的主人！

先從家裡穿的衣服開始暖身

前一陣子我閱讀了《單純的快樂》這本書，作者告訴我們，挑選衣服的標準是「遇到前男友也不會丟臉」。我讀了之後很有共鳴，也把這段話寫在部落格上，後來有一位網友在文章底下留言。

「從來沒想過可以設立這種標準，但真的很恰當！不願意讓前男友看到自己穿的醜衣服，卻每天穿給老公看……」

我看了這段留言，也深有同感。每天在家裡洗衣服，覺得那些鬆弛的T恤丟掉很可惜，但又穿不出門，所以只好都在家裡穿。

我不敢讓別人看見的模樣，還每天展現給老公看？那些被我拿來當睡衣的破衣服，我決定要全部整理掉！

第一個要淘汰的衣服是生下孩子至今已經穿了許多年，早已變鬆的運動服。雖然我跟它的感情深厚，但我決定用照片紀念就好。除了這件以外，其他居家服也都一樣，要不是領口鬆掉、就是衣服下擺鬆掉，沒有一件是完整的。這些明明都是我在地下街用五千韓幣（約台幣120元）買來的，到底有什麼捨不得丟的？竟然還穿了這麼久？這段時間謝謝你們的陪伴。慢走不送！

家裡還有超級多件卡通T恤。我從小就喜歡蒐集可愛的東西，這些五顏六色的T恤是我費盡心思才到手的。甚至有幾件還維持在店員包裝時摺好的模樣，幾年來動都沒動過。這些也都是在地下街用銅板價買來的，看起來也真的沒什麼價值！既然沒人懂我喜歡卡通T恤的心，還是把這些衣服都扔了吧！

「可是衣服還好端端的耶……」我總是帶著這樣的想法，每次丟衣服時都覺得有點可惜。不過，一直留著這些沒在穿的衣服，有什麼用處呢？難道這就是所謂的「食之無味、棄之可惜」嗎？我還是趕快把衣服丟掉，順便把自己的貪婪也丟掉一些。然後在明年的購衣清單裡寫上「一套美麗的睡衣」。

「Project 333」
正式開跑！

我讀了一篇關於「Project 333」的文章。

「Project 333」是指在「3」個月內，也就是一個季節裡只穿戴「33」件單品（包含衣服、鞋子和飾品等）。而且還要把這些單品都裝在「膠囊衣櫥（Capsule Wardrobe）」裡。膠囊衣櫥是近藤麻理惠的書《怦然心動的人生整理魔法》裡面介紹的概念。

最近出現「極簡生活」的趨勢，許多人開始關注要如何整理衣櫃，甚至有許多人以「333 Challenge」的名義記錄自己在3個月當中重複搭配33項單品的挑戰。

「Project 333」也可視為對「快時尚」的反抗。就像速食吃久了會想念家常菜一樣，似乎有越來越多人對於「即時購買低價新品並輕易丟棄的風氣」產生倦怠感。

「衣服少」不代表「不時尚」。看那些在部落格裡記錄「Project 333」挑戰的網友就曉得，就算只穿戴基本單品也能夠很時髦帥氣！

我曾看過一位正在進行「Project 333」挑戰的人接受採訪，印象非常深刻。他說：「衣物數量受到限制後，我在購物時變得非常謹慎。這跟我原有的衣服有搭嗎？設計是否過時了？衣服材質？洗滌方法？我會仔細考量這幾點再購買。」在揀選這些少量但最需要的衣服過程裡，更能逐漸瞭解自己的定位。

如果不考慮其他配件，光算衣服的話，3個月穿33件衣服，一年（4季）就是33×4=132件？好像滿值得一試的！我上網去看那些正在進行「Project 333」的部落格，發現因為有些衣服可以跨季節穿，所以那些挑戰者的衣服大都低於33件。

不過，我還是決定第一階段的衣櫃斷捨離先留下「132件衣服」就好了。之前我就設定了「穿端莊的衣服、禁止便宜貨！」的標準，也早就選好外出服，所以要達成這個任務應該不困難。我帶著這種單純的想法，開始進行衣櫃大掃除。

*參考：朝鮮日報報導：「只要有襯衫3件、褲子3件、鞋子3雙就足以過一季。」2015.10.28

第一關
衣櫃大掃除

首先，若想達成「132件衣服」的目標，就得先搞清楚我總共有幾件衣服。

起初我可是自信滿滿，因為之前搬家時我就已經把一半的衣服整理掉了，又為了捐衣服而整理掉一大部分。現在沒在用的衣架堆積如山。

對啊！為什麼不把這些衣架丟掉呢？我幹嘛還留著那些洗衣店給的廉價衣架啊？衣架留著，有種特別的感覺，彷彿某天又會有新衣服掛上去……我應該要從衣架開始清理！

為了計算總共剩下多少件衣服，我早上一睜開眼睛就自信滿滿地打開衣櫃。第一階段我先算了外套、洋裝、裙子、開襟衫和雪紡上衣的數量。

1. 冬季外套 -19件
2. 春秋外套 -28件
3. 洋裝 -129件
4. 裙子 -76件
5. 開襟衫 -69件
6. 短袖雪紡上衣和薄外套 -33件
7. 穿在裡面的無袖雪紡背心 -8件
8. 長袖雪紡上衣 -75件

第一階段共有437件。光是雪紡上衣就有33+8+75=116件，難道我的開襟衫會自動繁殖嗎？我已經把春秋季節的外套都整理乾淨了，只剩下四月跟十月要穿的外套，為什麼只能穿兩個月的外套，卻有足足28件呢？我算到這邊就累了。

至於針織上衣、T恤和褲子這些更常穿的衣服數量太驚人，我決定改天再來面對。

「在衣櫃裡購物吧！」我把這句話當成口頭禪掛在嘴邊，我衣櫃的衣服量真的跟一間小服飾店差不多！不過我真的很冤枉！每次外出都找不到衣服穿，怎麼還有那麼多衣服啊？

第二關
衣櫃大搜查

我把第一階段衣服計算的成果上傳到部落格，網友們的留言讓我十分慌張。我以為大家都知道我的衣服為數眾多，沒想到每個網友都在下面留言：「你的衣服真的太多了！」，請聽聽我解釋！

一年365天當中，要上班的日子大約有250天。

洋裝129件＋雪紡上衣（搭配裙子）116件＝245天。

開襟衫和外套是用來搭配的嘛！所以數量應該不用太多。當然我現在是不需要去上班了啦。再強調一次，我可是行為合理化的資優生，嘿嘿！

今天要數的T恤和褲子幾乎都是我生完孩子後才買的，通常都在週末穿。我覺得自己的問題不單純只是買太多衣服，問題在於我的穿搭能力不足。「這件雪紡上衣只能搭那件裙子」、「這件洋裝不需要擔心穿搭問題！」我每一次都用這種方法來決定自己要穿的衣服，這就是問題所在。只要穿搭能力夠好，就算只有幾件衣服也可以互相搭配。

今天我要來算針織上衣、T恤和褲子的數量。好險我前陣子才把一大堆卡通人物T恤丟掉，如果那些T恤還留著，我應該要數到天荒地老了。

1. 針織上衣__共75件
 ❶ 白色針織上衣 7件
 ❷ 條紋針織上衣 11件
 ❸ 其他針織上衣 57件

2. 長袖T恤__68件
 ❶ 衛衣 10件
 ❷ 白T恤 38件
 ❸ 條紋T恤 13件
 ❹ 親膚T恤 2件
 ❺ 其他T恤 5件

3. 短袖T恤__68件

❶ 白T恤 28件

❷ 條紋T恤 7件

❸ 親膚T恤 5件

❹ 其他T恤 28件

4. 長褲 21件

5. 短褲 26件

第二階段的「庫存檢查」總共有258件。

一、二階段的「庫存」統計起來共有695件（後來我又發現了放在他處的衣服，加起來超過700件）。更何況這可是丟掉一半以上的衣服剩餘的數量，代表我原本的衣服超過千件！

我突然想起來，之前也曾經想過要統計衣服數量，但量實在太大，所以就放棄了。從一千多件減少132件，也算是整理掉了一成。我一直以來都爆買衣服，又無法斷捨離，真的快瘋了。**如果連我都可以成功達到「一年不買衣服計畫」，甚至還把衣服整理乾淨，那就代表每個人都可以做到吧？**我要帶給這個世界希望！

將129件洋裝
減少到17件

我以「只留下會讓我怦然心動的衣服」為標準，整理到剩下695件衣服。接著設定了新的目標：「三個月33件→一年132件」分成八類的話，一個種類16.5件，小數點進位後如下：

1. 洋裝 129件 → 17件
2. 外套 47件 → 17件
3. 針織上衣 75件 → 16件
4. 雪紡上衣 116件 → 17件
5. T恤 136件 → 17件
6. 開襟衫 69件 → 16件

7. 褲子　　47件→16件

8. 裙子　　76件→16件

竟然還差這麼多？我一個人氣沖沖地按著計算機。「好！一開始先輕鬆一點，從褲子和外套開始吧？」不過，數量比較少不代表比較好整理。究竟該從哪裡著手？我真的毫無頭緒。

乾脆直接放棄算了？我糾結了許久，都已經在部落格上宣佈我要進行「333計畫」了，如果就此放棄，大家一定會覺得我是沒有誠信的人！我抱持著這樣沉重、戰戰兢兢的心情過了好幾天。「想要做些什麼時先昭告天下」這句話真的很受用。

煩惱了老半天，我決定要先從自己最喜歡的洋裝下手！「只要先翻越最高的山，之後就好解決了！」我把所有的洋裝都拿出來放在客廳裡，129件洋裝填滿了整個客廳。

第一階段
選出符合年紀的衣服

Keep 5件 / Hold 93件 / Out 31件

我先將飄逸的洋裝清掉了31件，留下其中5套，我決定要穿到進墳墓為止。問題在於要進一步評估（Hold）的那93件。我緊接著進入第二階段的整理。

第二階段

不符合身材、尺寸的衣服和廉價品

Hold 93件 → Hold 65件 / Out 28件

從第二階段開始，我又遇到了大難關。那些拉鍊快拉不上、穿起來微妙或不合身的洋裝，全都被我判定出局。還有些當初老公一直叫我不要買，但我還是固執己見買下來，結果連一次都沒穿出門過的洋裝。老公應該沒有發現吧？這些丟了也不會心痛的便宜貨，都被我另外分類到右邊區塊了。

經過第二階段整理後，剩下65件洋裝，但我的目標是17件洋裝。除了第一階段存活下來的5件洋裝，只剩下12件的配額。我從此開始壓力爆棚。

又沒有人命令我，我為什麼要自己搞這一齣啊？我把這些漂亮的小傢伙整理掉，又能享受什麼榮華富貴呢？我就算只把129件整理成70件也沒關係嘛！70件洋裝夠我穿一整年了吧？

我暫停手邊的整理工作，開始漫無目的瀏覽我的部落格，上面放了很多之前拍下的每日穿搭照。結果發現，我這陣子根本沒穿過洋裝！「先想想後果再做事吧！如果再次把這些洋裝掛回去，我就永遠整理不了！」我從上午十一點開始整理，到老公下班回家為止都還沒結束。

第三階段

巧遇前男友也不丟臉的衣服

Hold 65 件→ Hold 36 件 / Out 29 件

通過前兩階段過濾的衣服都很適合我，也好端端的，所以我需要設定新的標準來挑選。這些不錯的衣服當中，我要把有牌子的衣服拿去二手轉賣，這些洋裝都很貴，我至少也要賣點錢回來。

仔細一算，假設一件賣5萬韓幣（約台幣1200元），129件 x 5萬韓幣 = 645萬韓幣。我初次投資不動產的金額也是八百萬韓幣，原來一棟房子就在我眼前！有人說男生只要不喝酒、不抽煙，就可以擁有一棟別墅。我如果不買衣服，應該早就買下幾棟房子了。

第四階段

在老公面前走Fashion Show

Hold 36 件→ Hold 22 件 / Out 14 件

整理到剩下36件時，是我崩潰的開端。持續好幾個小時，我反覆把衣服移來移去，已經想不起來究竟移動幾次了！但是夜色漸深，我還是遲遲無法做決定，我沒有辦法割捨！最後是老公看不下去，勸我：「妳在我面前漂亮就夠啦！一件一件試穿給我看，我幫妳選！」

「好建議！我無法親手把這些衣服送走。」我心愛的豹紋衣服，就這樣一件件被淘汰掉。老公不喜歡過度顯眼的衣服。過程中老公還突然坦白，在我們交往時期，每當我戴著愛心髮箍出現時，他心裡都會默默覺得有點丟臉。搞什麼！我們從談戀愛到結婚至今已經十年了，我現在才知道這個真相！

第五階段（最終關卡）

跟夢寐以求的洋裝做比較

Hold 22件→ Keep 17件

時間快到晚上12點了，得結束這回合的整理，我才能去哄孩子睡覺、也讓自己盡情大睡一場，但卻一直整理不完。最後想到一個方法：「不買衣服計畫」成功後的獎賞！我之前就決定好，如果計畫成功，我會買一件蕾絲洋裝或現代生活韓服當禮物犒賞自己。於是我上網搜尋了蕾絲洋裝的照片，一邊說服自己：「你不把那些衣服丟掉，就買不到這件洋裝！你要選擇哪一件？」購物竟然成為了我斷捨離的動力，真是諷刺啊！

就這樣過了12點，我終於選完了17件，大功告成！最後保留下來的衣服，全都跟我一開始整理時預測的不同。

跟老公度過紀念日時穿的衣服、二十幾歲時經常聽別人稱讚很漂亮的衣服、在特別的日子，滿懷期待穿上的衣服等等，全都被我斷捨離了。

我現在變胖了，所以只留下符合身材的衣服、穿出門舒適無負擔的衣服，以及老公喜歡的衣服。過去美好的回憶就到此為止，從現在起，我要與剩下的衣服一起創造更美好的回憶！

我費盡心思整理了半天，得到了一個體悟：「**不要在丟衣服的時候煩惱，在買衣服的時候先煩惱吧！**」我在買衣服時都不曾煩惱過，只要在我的預算內、又是我喜歡的衣服，我就會立刻下單。我在整理衣櫃的同時也為此事深刻反省了一陣子。

洋裝斷捨離終於告一段落了！剩下的幾件洋裝，有些我交給妹妹拿去回收，有些上傳到二手網站拍賣，有些則分送給鄰居們，最後剩下的洋裝我打算再捐出去。終於，我又越過一座高山了（又解決一個大難題了）。

將75件針織上衣
減少到21件

這次要整理的是我心愛的針織上衣，我是真心喜愛著它們。我沒有把握自己能否下得了手。

但是看我的收納狀態，似乎沒資格說出「我愛針織上衣」這句話。因為每當我穿完針織上衣後，總會懶得再次收進收納箱裡，一件件就這樣堆積如山。我之前都沒注意到，是在整理時才發現這件事，收納箱早就撐不住針織上衣的重量，被壓到凹陷下去了。

我在第一階段整理時，一樣先挖出75件針織上衣。目標是整理成16件。結果把針織上衣全都拿出來後，看到眼球都快掉出來了，還是沒有一件可丟的。

但是，有上次整理洋裝的經驗後，這次整理起來比想像中更快。「哇，真漂亮！」只能讓我發出這種程度讚嘆的針織上衣，一律都淘汰。「沒有這件不行！要我丟這件，乾脆把我給賣了！」要到這種程度的針織上衣才能留下來。

整理針織上衣真的讓我很心痛，我整理到凌晨兩點才睡，但到清晨五點時稍微醒來了一下，竟然還在那時候嘆了口氣。

「先設定要留下多少件衣服」這方法真的十分有效。特別當我在逛百貨公司時，效果特別好。就算看到百貨公司的新品上架，也會立刻聯想到「如果把這件買回家，就得把家裡的其中一件衣服斷捨離！」然後想買衣服的念頭就立刻煙消雲散。

以前我買衣服時都很草率地思考。

「這件很漂亮嘛！」、「可以買來掛在某件衣服的旁邊！」、「反正在我的預算範圍內！買了也沒關係！」腦中只浮現這些念頭，就直接買下去了。

然而，透過這次的經驗，我抓到了挑衣服的感覺：**「沒有這件衣服不行！」要當我產生這樣的念頭時，才能買衣服。**

我在整理針織上衣時，充分地感受到了那種感覺。我之前坦承過我有「同款包色」的病，如果同個款式出了許多顏色，我卻選擇障礙發作，不曉得該選哪一個顏色來穿時，那我會先把所有顏色都買下來。這些同款包色的衣服，我也趁這一次機會全部整理乾淨了。

同樣的款式卻都有兩個顏色，的確是有一點……太可愛。有些衣服同樣款式、不同的顏色就買了四五件。因為要找到一件適合我的針織上衣真的很困難。像我這般胖嘟嘟的身材，只要找到一件符合身材的針織上衣，簡直就像牛郎遇見織女，一定會立刻買下來。不過我的牛郎似乎比想像中更多位？

我有個整理衣服的訣竅：先把同樣類型的衣服放在一起，再選出我最喜歡的第一名衣服，這樣的篩選速度最快。

我決定要將條紋類的針織上衣先分類到同一區，只保留其中一件，其他全都斷捨離。我大致分成以下幾類來整理針織上衣：直條紋、白色系、短袖、高領和有衣領。我嘔心瀝血地篩選後選出了第一名和第二名，最後共留下21件針織上衣。

我的最終目標是16件，但我真的無法再割捨更多針織上衣了……嗚嗚……還是我把褲子保留少一點件數來取代針織上衣。不然……到時候再說好了！

我一開始還打算把針織上衣全都整理掉。但是針織上衣容易起毛球、領口也容易鬆掉，所以常常只穿一年就丟了。我如果現在把針織上衣全都丟光，明年又全部重買的話，這實在太怪了。所以，除了原本決定要保留的衣服之外，我決定每個類型的衣服都多保留一件，全部收進倉庫裡保存。最後保留下來的衣服數量，只要一個收納箱就足以收納，甚至還有多餘空間。

我這樣做是正確的決定吧？整理到第二輪後，我更確定這是正確的決定！若沒有這次大掃除的機會，我根本不曉得自己原來買了一大堆同樣的衣服。連我昨天穿的衣服都進入了今天要丟的衣服堆裡頭。感謝你這段時間的照顧！我過去對你的愛是真的！因為愛你才把你送走的，嗚嗚……

將47件褲子
減少到16件

針織上衣保留下來的數量超標了一些，我打算把超過的部分透過褲子的數量來調整。因此，隔天我就立刻投入褲子斷捨離。我直接宣布成果：「勉勉強強才達成16件的目標，之前想多丟一點根本是妄想，以失敗收場。」至於針織上衣超標的部分，等我衣櫃大掃除完畢後再說吧！

我按照昨天領悟到的斷捨離Know-How：先把所有衣服都拿出來盤點。褲子對我而言別具意義。我的腿又短又粗，每件褲子都一定會拿去修改。我的臀圍比腰圍粗很多，很難買到適合的褲子。只要感覺是我穿得下的褲子，我就會買大一號的，再將腰圍修小。也會按照大腿圍和腳踝寬度來修改褲子。如果不能戰勝大腿的肉，導致口袋的線條突出，我甚至會把口袋拆下來。

合適的褲子本來就很難找，買褲子回家後，我一定會送去修改，如果修改成果不佳，我就會直接扔掉。如果修改褲子的成果不錯，我就會再去多買個四五件，一律送去修改。修改褲子的費用甚至比一件褲子的價錢更高。

哎！誰會管我穿什麼褲子？只有我自己在意而已啊！但是，每當褲子前面出現「Y」或「=」形狀的皺紋，我就會超級在意。內褲痕跡、腿太粗而出現的紋路，對我而言都超級刺眼。

我首先將長褲分類如下：

牛仔褲／西裝褲／抽繩褲／棉褲／內刷毛褲

我一件一件試穿後，把變胖後不合身的褲子都淘汰掉。每個種類選出第一名的褲子，然後再將第二名的褲子收進倉庫裡。褲子丟掉後又要買新的褲子來填補，這過程實在太漫長了，因此我謹慎地挑選備用的褲子。

最麻煩的是短褲。短褲的腰圍偏大，容易買到合身的款式，所以我很愛穿短褲。冬天時我不太穿長褲，反而很愛穿毛呢短褲配上內刷毛褲襪，所以我擁有超級多件短褲。

這一次，包含牛仔褲在內的各款包色褲子，都被我斷捨離了。短褲很容易買到，所以比較不像長褲那樣令我煩惱。每一件抽繩褲都老舊且鬆弛，我只保留了一件下來。

我將2套運動服當作家用睡衣，另外保留了10件收在倉庫裡，扔掉19件，最後剩下16件。

之前貪心買了白色、米黃色等亮色褲子，一直滿心期待減肥成功之後可以穿，至今從未穿過。我全部都斷捨離了。此外，我其實不喜歡內搭褲，只是生小孩後為了方便不得不一直穿，剛好也趁機一併整理掉。

這些整理完後的褲子，其實也都磨損得差不多了。其中最新的褲子也是兩三年前買的。但包含我留在倉庫的褲子，大概再穿個一兩年也不成問題。

我在衣櫃大掃除時突然有個體悟：衣服就跟前男友沒兩樣，一開始雖然覺得有些瑕疵，但大致上條件都不錯所以還是買了，沒想到依然受不了那些瑕疵，最終還是分手了。（我在瞎扯些什麼……）

褲子整理之後，衣櫃產生了顯而易見的大改變！**斷捨離衣物時雖然感到不捨，但也異常爽快。**現在只剩下T恤要整理，抽屜就清空了！

將136件T恤
整理成17件

我決定要來著手整理件數最多的T恤。一開始我以為T恤斷捨離是衣櫃大掃除計畫裡的Highlight。但令我訝異的是，我在兩小時內就解決了！我找到了衣櫃大掃除的超級祕訣！

第一步驟　將所有衣服都拿出來

第二步驟　篩選掉老舊、不合身的衣服

有一些T恤是我用心挑選後購買的，穿起來卻讓我的小腹看起來很明顯，所以連一次都沒穿出門過。這類的T恤我打算全都送給妹妹們。前一陣子很流行竹節棉T恤，但那種材質很薄，洗幾次就鬆掉了，我決定都丟掉。經過這階段後，我的T恤數量立刻減少了一半。

第三步驟　按照種類分類

不出所料，我的「同款包色病」也同樣在T恤這個類別發作。我甚至還曾經在一天內買了七件條紋T恤。材質好的基本款T恤比想像中更難找。因此，每次基本款的白色短袖T恤大降價時，我就會一口氣買個十件左右。只要褪色或變鬆就直接丟掉，每年夏天再拿出新的T恤來穿。我擔心衣服長度太長，腰顯長、腿就會顯短，所以都會特別送去修改衣長。現在整理到剩下4件，我只保留了一件，其他都先放進倉庫裡。

其他的T恤，我也分成無袖、短袖和長袖來整理。目標是留下17件T恤。詳細目標先設定為「1件無袖、8件短袖、8件長袖」。然後再進行更仔細的分類。舉例來說：長袖T恤裡面還可以細分成「有領子的1件、印花的1件、衛衣2件、直條紋2件、無花紋2件」，總共8件。至於短袖T恤，也是以這種方式進行兩次分類後設定目標。

第四步驟　每個種類選出最滿意的衣服

在第四步驟裡，我會把第三步驟篩選完的每件衣服都試穿一遍，並且排上優先順位，以這種方式來挑選出最終目標。

我會先決定第一名的衣服，連第一名的衣服不穿之後，足以取代的第二名衣服（備胎）我都選好了。由於T恤很快就會變舊或變鬆，先選好備胎，以防我很快就把衣服丟掉，又找藉口重買一件。留下的衣服最好是設計和顏色雷同的款式，這樣就不用再考慮要搭配的下半身。舉例來說，條紋T恤的目標數量是2件，我就會選一件黑色條紋和一件藍色條紋。

比起全部的衣服放在一起煩惱，在特定的分類裡進行衣服淘汰賽似乎更方便。

整理T恤時有個祕訣：看著之前整理好的褲子照片，挑選可以搭配的T恤。我通常習慣穿T恤搭配褲子，穿雪紡上衣搭配裙子，所以只要看著褲子照片來選擇搭配的T恤就足夠了。

只要經過這四個步驟，就能立刻整理好全部的衣服。房間裡的抽屜櫃變得很空。現在似乎還可以連同「跟抽屜櫃相連的床」一起整理了。「不僅衣櫃進行了大掃除，我可能連房子都會一起大掃除！」我產生了很好的預感，心情真不錯！

我將挑選完畢的T恤放進收納箱裡，果然如我所料，衣服全放完後，剩餘的空間還很充裕。自從買箱子之後，我還是第一次看見這樣的情景。之前我總是把衣服塞進箱子裡，塞得滿滿的，衣服也皺巴巴的……雖然我接下來幾天可能都會想念這些被斷捨離的衣服到無法入眠……但我應該要以這般思念的心情，好好珍惜被我留下的衣服們！

一鼓作氣的
斷捨離馬拉松

T恤斷捨離成功之後，我的自信心爆棚，連續三天當中都沉浸在整理衣櫃。上次斷捨離的方法非常有效，所以這次用同樣的方式來整理開襟衫、裙子和襯衫。斷捨離的步驟如下：

第一步驟　將所有衣服都拿出來
第二步驟　篩選掉老舊、不合身的衣服
第三步驟　按照種類分類
第四步驟　每個種類選出最滿意的衣服

其中最困難的就是第二步驟。面對衣服不能想太多！只要稍微猶豫就丟不下手！特別當購衣的金額浮現腦中時，就更難捨棄了！因此，不要想太多，要快速處理！在挑選時，心中要不斷複誦：「我現在都不穿了，之後也不會穿！」這句話。在斷捨離衣服之前，也可將衣服美麗的模樣先拍照下來，神奇地，內心就能得到安慰。

只要第二步驟過關，第三步驟就輕鬆多了。舉例來說，在第三步驟分類襯衫時，我會先分類成短袖、長袖、無袖，目標是17件，所以按照6:9:2比例來挑選。

接下來，我會再將9件長袖襯衫分成有顏色的襯衫、白色襯衫、休閒襯衫，各挑選3件。然後再將白色襯衫細分成緞面襯衫、造型襯衫、休閒襯衫，各挑選1件。

至於有顏色的襯衫，我也會分成粉紅色、藍色、其他顏色，各挑選1件。透過這種方式細分出明確的目標。

我在買裙子時，都會先以臀圍合身為主，買回來之後再修改腰圍。之前我只要看到合身的裙子就會包色。若找不到適合的，甚至會跑去裁縫店請人幫忙製作包色的裙子。因此我有好幾件同樣設計款式的裙子。

每當我看到包色的衣服，我都會陷入深思。在這個身材被侷限於服裝尺寸的世界裡，我真的為了存活下去而拚命掙扎啊！如果我再瘦一點，應該就不用這樣生活了吧？可是我現在的樣子老公也很喜歡啊！我幹嘛一直執著於減肥呢？我為了減肥真的努力到極點，但老實說，我之前不胖的時候，也沒有多幸福啊！

只要到了第四步驟，選出自己最滿意的衣服時，我又會再次受到打擊。一眼就看得出來，我買的都是類似的衣服啊！二十幾歲時很常穿A字裙，但到了三十幾歲穿起來就有點太稚氣，所以我把A字裙全都斷捨離掉了。

最後還剩下一兩件讓我哭得肝腸寸斷、捨不得扔掉的裙子。每當這樣的時候，就算鬧得雞飛狗跳，我還是得狠下心來斷捨離。雖然肯定會難過到睡不著覺，但內心和衣櫃都會鬆一口氣。這可能就是我的業障（？）吧！我刻骨銘心領悟到「無勞則無獲（No pain, no gain.）」這句話的真諦。若沒有經歷過這樣的過程，我肯定會變成累犯，繼續一直買、一直丟。

完成四個步驟後的斷捨離成果：開襟衫從69→16件，裙子從76件→16件，襯衫從116件→23件。

區區的開襟衫不算什麼啦！我之前已經斷捨離很多件了，所以開始整理時只剩下69件。之前我有76件裙子，也只佔了衣櫃的一小部分空間。這祕訣在於我擁有特殊的衣架！一個衣架有四個夾子，一個夾子可以夾兩件。雖然我其實常常將裙子拿去穿之後，就懶得掛回衣架，直接塞到衣架下方。

其中最讓我有成就感的就是襯衫了！曾經在我衣櫃裡面，襯衫佔據了一格半抽屜的空間，每一個衣架都掛了兩三件襯衫，整整116件襯衫竟然變得那麼少！

不過，我原定的目標是留下17件襯衫，最後卻留下了23件。針織上衣留存的數量也比原定的多出了5件，所以總共超標了11件。我預計重新檢視這些超標的衣服。目前的成果如下：

1. 洋裝	129件→17件
2. 外套	47件（尚未整理）
3. 針織上衣	75件→21件（超出目標5件）
4. 襯衫	116件→23件（超出目標6件）
5. T恤	136件→17件
6. 開襟衫	69件→16件
7. 褲子	47件→16件
8. 裙子	76件→16件
	總共695件→173件（目前超標41件）

呼！進入100件大關！我的衣櫃原來這麼寬敞啊！每個衣架都只掛著一件衣服，這場景還真陌生！整理完空下來的空間，我掛上了兒子的衣服。一直以來，我兒子的衣服都被我到處亂堆或者掛在門上，現在終於有了收納空間。

當我在未來的日子穿那些被留下的衣服時，也有可能會後悔：「啊！早知道就留之前那一件，把這件丟掉才對。」為了當作明年整理衣櫃時的參考，我決定把每日穿搭記錄在部落格。

拍下每日穿搭的照片是很有幫助的！衣服放在地板上和穿在身上的感覺完全不一樣，還是要穿在身上拍照才清楚。「這根本跟我想得不同！這版型超不適合我的！我要把它丟掉！」許多衣服的真面目，都要穿在身上才會曉得。

拍下穿搭照片，對於「整理衣櫃」很有幫助，也能藉此掌握清楚自己平常究竟都穿什麼衣服。突然沒有穿搭靈感時，還可以上網搜尋去年此時自己穿了什麼衣服。

要親手送走我喜愛了一段時間、完好無缺的衣服，是一件很辛苦的事情。就像要送走一整天都待在家裡的朋友那樣……

將斷捨離的衣服捐贈出去，真是正確的決定。只要想著衣服會有其他新主人，我就更能輕鬆放手。捐衣服，受惠的對象不是別人，我才是真正的受惠者。有趣的是，跟衣服道別後過了幾個月，我連自己之前買過哪些衣服都快喪失記憶了。

以後不要再亂買衣服了，與現在留下的這些衣服度過幸福快樂的生活吧！

重新找回了
對「穿著」的心動

最後要來整理外套。

目標是將47件整理到17件。衣櫃上下層都密密麻麻塞滿我的衣服、我最愛的單品，外套！

「什麼？怎麼可能每一件都是最愛的？」雖然大家可能會這樣認為，但外套對我而言別具意義。我心情憂鬱的時候，會獨自一人穿著「HandMade」手工製的大衣，我只要摸到毛呢大衣，心情就會舒服一些。因此，我早就有預感這次「外套斷捨離」會以失敗收場。我不好的預感總是會實現。

一開始整理得還算順利。我毫不猶豫地將嚴寒時穿的絨毛外套和羽絨外套都斷捨離了。因為我的目標是明年要買一件像樣的羽絨外套。過去我每一年都是在特賣活動買廉價羽絨外套來穿。但我這個人超級怕冷，在特別寒冷的天氣還是借老公的羽絨外套穿。真是命運大不同，我老公在冬天快結束時買了一件優良的特價品，那件真的又輕又保暖，他連續穿了好幾年。

我後悔莫及。如果把目前為止買羽絨外套的金錢全都加起來，完全可以買一件上好的羽絨外套。我已經在今年的「不買衣服計畫」結束後、明年必買的購物清單裡，寫上「羽絨外套」這個單字。從明年起，我不要再衝動購物了！今後會好好檢查自己的衣櫃，只買需要的衣服！

我有四件非常喜歡的灰色大衣，但我決定只留下一件。

有一些風衣，我已經不如以往那般喜歡了，決定趁這次機會一口氣整理掉。例如以前很喜歡的短版大衣，現在穿出門都覺得大腿很冷，一起整理掉吧！我用這種方式選出了14件不需要的，一天就過去了。

外套類有許多高單價的產品，每一件都讓我猶豫不決。

計算了一下剩下的件數。春秋款22件、夏季款外套和背心共4件、冬季款21件。什麼，怎麼還有47件？搞什麼啊！我算錯了吧！我停止整理，認真再數一次，依然是47件沒錯。

原來是在我把衣服拿出來的過程中，有些衣服被蓋住了。因此第一輪整理完之後，剩下的件數不是695件，而是709件！不對！我整理完針織上衣和T恤後，也在衣櫃後面翻到一兩件，所以剩餘的件數加起來是711件。

花了一整天的時間，多整理掉了14件外套，還得再挑30件！我突然喪失了所有鬥志，決定今天就到此為止。

目前戰績：從709件減少到了173件。還得再挑出41件，才能達到132件的目標。

之前整理好的衣服，我把二十幾歲的人可以穿的衣服裝成兩箱送到育幼院，三十幾歲的人可以穿的衣服則寄送到其他機構。 據說，育幼院的孩子們只要滿二十歲就得離開育幼院，那時他們經濟的負擔會加重，因為他們既要找房子，又要顧生活。以前只要穿學校制服就好了，離開育幼院後突然要穿便服度日，這並非一件簡單的事。

部落格網友介紹一個她平常會去做志工的單位給我，我便把二手衣寄送過去。多虧了「不買衣服計畫」，我才能在部落格上認識了許多網友，也能做些好事，喜悅感多了十倍以上。

剩下的衣服裡面，我將要在義賣活動販賣的衣服都先拿出來，有需要修改的衣服則都交給裁縫店。我之前就算衣服鈕釦掉下來了也懶得管，只是口中嚷嚷著「要拿去修！」，但卻嫌麻煩，每次都穿別件衣服。我現在真的要愛惜衣物了。

這次衣服斷捨離之後，我的生活產生了一些變化。以前我都會把衣服堆在地上，週末再一口氣整理。因為衣櫃裡的衣服實在太多、密密麻麻的，一旦拿出來就很難放回去。不過，現在我只要一脫下衣服，就會立刻掛起來。

此外，「衣服斷捨離」並非只是單純在整理衣服而已。

「這件適合我嗎？把這件留下來是對的決定嗎？我會在什麼情況下穿這件衣服呢？」我生完孩子至今都忙得不可開交，已經遺忘了自己真實的模樣。在整理衣櫃的這段時間，讓我擁有一個時間得以回顧自我。

今天要穿什麼好呢？

以前心臟撲通撲通跳的悸動感受，終於再次回來了。

「這件是我第一次約會時穿的衣服、這件是我不想上班時，為了幫自己加油穿的衣服、這件則是我每一次穿都會被稱讚的漂亮衣服……」我看著每一件衣服，腦中浮現自己跟這些衣服的回憶，心情十分愉悅。

希望我送走的這些衣服們，也能在新的地方與新的主人創造美好的回憶。我也會從今天開始重新出發。加油！

一年當中
會穿到的外套
總整理

回顧過去我拍下來的每日穿搭照，將每個季節所需的外套整理如下。

1月

超保暖大衣

這個時期就是羽絨大衣全副武裝。從1月底起就會有春季新款上市，此時絕對不能腦波弱！新上市的衣服都比較貴，但天氣寒冷還穿不到，所以只能先買來放。等到天氣回暖，衣服都發出舊衣的味道了。

2月～3月中旬

厚外套

如果3月到了就興奮拿出春季外套來穿，只會搞得自己感冒罷了。此時還需要穿薄大衣。

3月中旬~4月

薄外套

冬天到春天的換季期間並不長，要儘量減少薄外套的數量。

5月

介於春季和夏季之間的厚度

已經不太需要外套。需要的是將既有衣服完美搭配就可以出門的時尚穿搭sense。

6月~9月中旬

涼爽的衣物

不會穿到外套，但8月中開始有秋季新款上市，此時天氣還很熱，輕易出門逛街可能會腦波弱。

9月中旬~11月

薄外套

老實說，春季跟秋季的外套簡直沒兩樣。將春季衣服拿出來穿吧！

11月~12月

厚外套

11月初的天氣跟秋天很像，但若遇上超級寒流就不行了。

總整理

春季

2.5個月（薄外套1.5個月）

夏季

3.5個月

秋季

1.5個月（薄外套0.5個月）

冬季

4.5個月

結論

購買春季、秋季外套的錢，
乾脆都拿來買冬季大衣好了。

不買衣服的
新生活

PART
5

在整理衣櫃後，逐漸成長的我

我將外套全部整理好之後，發生了使我難堪的事。我原本有件想穿的衣服，卻找不到可搭配的外套，導致最後只能換穿其他衣服。

正因此事，讓我想起了我在形象塑造課堂上，講師所說的話：「妳需要一件直線型百搭衣服，搭配牛仔褲、正裝都合適，也符合你個人基因色彩的上衣。」我也需要買一件符合講師建議的外套！好！就決定買灰色風衣了！我立刻將這項單品也寫在明年的購衣清單上。

不過後來，我在百貨商店女裝店工作的小妹，卻說要把自己店裡賣的品牌灰色風衣當生日禮物送給我。小妹說自己是用員工價購買的。家人果真是家人！謝謝小妹！這是我目前穿過最好的風衣。

「穿牛仔褲的時候要搭A外套、穿正裝的時候則搭B外套……」以前我為了搭配，買了許多外套。現在多虧有這一件新的風衣，我才得以把其他外套都整理掉。只要有一件百搭的基本款風衣就夠了。

之前上課時，形象塑造講師叫我不要再穿軍裝外套了，但是我一直找不到足以取而代之的外套，所以都還沒把軍裝外套丟掉。多虧有了新的風衣，我終於爽快地斷捨離了軍裝外套！除此之外。還一口氣把其他六件外套出都整理掉了。

這真是太神奇了！

我之前在斷捨離外套時哭得很慘，哭到老公看不下去，叫我乾脆全都送給他，把這些外套都當成是他的，以後再每天借我穿就好。之前對我而言，斷捨離外套真的非常困難，但**一件完美的單品出現後，卻帶給我極大的力量！**

還有幾件外套被我送去修改，卻以失敗告終，因此外套的件數又減少了幾件。有些外套肩膀的部分穿起來太緊繃，但衣領很美，所以我會另外把衣領的部分剪下來，製作成「假領片」搭配其他針織衫來穿。現在距離目標不遠了。

衣櫃大掃除後，我的部落格開始出現了這類的留言。

「穿搭越來越好看了耶！」、「衣服斷捨離之後，日常穿搭照變得更漂亮了！」「衣服越少，能穿的就越多！這句話聽了真是內心舒暢！」我開心到快飛起來了。這些朋友的留言真的看透我的心思呢！如果我獨自一人整理的話，恐怕做不到。多虧了這群在部落格上關注且支持我的網友們，我才能逐漸成長。

用分享的喜悅，
填滿清空的衣櫃！

在我整理好的衣服當中，只要有適合孩子們身材尺寸的衣服，我都會全數寄到育幼院，剩下的才二手賣掉。有許多孩子長大成人離開育幼院時，都會說自己在成長過程中衣服不夠穿。看到這則貼文後，一位心地善良的網友表示自己也整理了家裡衣櫃，用快遞將衣服寄到了我家，希望把衣服送去需要幫助的地方。他的家竟然位於濟州島！這些令人感動的衣服，狀態都很好。我決定將這些衣服也拿去義賣活動上販售，並捐出義賣所得。

上網搜尋後意外發現，我居住的地區的義賣活動很多耶！

我最後報名的是媽媽推薦的市政府義賣活動。其實我原本只打算將衣服義賣後的所得全數捐給育幼院，但收到報名表之後，覺得只以一次性的活動結束有點可惜，所以決定改加入每個月5萬韓幣（約台幣1200元）的定期贊助。

不過雖然只有5萬韓幣，還是超過了我的家庭支出預算。因此，我這次義賣活動的銷售目標金額就定為5萬韓幣。

我實在拿不動一整個大箱子，所以我把衣服分裝，順便把其中褪色的衣服清理掉。常去參加義賣活動的媽媽建議我要準備塑膠袋、草蓆和零錢。之前囤著沒用的草蓆贈品，終於可以出動了。

零錢的部分，我一直到當天早上才跑遍許多店家，用大鈔來買些小東西找零，藉此準備了許多零錢。早知道前一天先去一趟銀行換錢……

我的東西很多，卻沒有車可以載，為了幫助我，才剛生完孩子兩個月的二妹也出動了。後車廂全都塞滿了我的衣服。我的妹妹不僅當我的司機、幫忙搬行李，場佈完成後也沒有直接回家，還留在現場幫我推銷。一天下來，我給她的日薪是兩杯冰拿鐵。

好險今天的天氣非常好。義賣活動擺攤時間是下午一點到四點，事先上網申請的人如果提前十二點三十分抵達，就可以擁有指定攤位的優惠。主辦單位會提供好的位置給事先網路報名的人，當天現場來擺攤的人則得按照報到先後順序來安排位置。因此，務必要事先上網申請攤位。

抵達現場後，活動的規模出乎意料地大。現場共有三排攤位，有些攤位是市政府準備的，有些則是美食攤位，販售宴會麵條（Janchi-guksu）等食物。我帶去的衣服太多了，只能先擺出三分之一，剩下的先放在箱子和購物袋上。

我在擺設衣服時真的自信滿滿。「不對啊！衣服一件才賣3千韓幣～5千韓幣（約台幣70-120元），肯定會售罄吧？難道今天要提早收攤嗎？」我妹妹在旁邊淨說些廢話。

結果一個小時過去了，連一個客人都沒有。

義賣活動也才三個小時，竟然整整一小時都沒有客人。因為客人太少，妹妹也不忍心留下可憐的姐姐一人回家，我叫她去別的攤位繞一圈。環顧四周才發現，怎麼會這樣？參加義賣活動的人，大部分都是帶著孩子的父母或中年婦女。只有賣玩具或小孩衣服的攤位有很多客人，賣成人衣服的攤位都很冷清。我賣出去的衣服大多是尺寸較大的家居服。這些衣服頂多賣1千韓幣，貴一點也只賣2千韓幣。有幾件我甚至只賣了5百韓幣。啊！媽媽推薦我可以在這邊買到好的便宜貨，原來意思是要我用低價賣出好東西啊！後來，我把衣服售價全部變更成1千韓幣。

幸好之後客人陸續湧來。我還推出了買三送一的方案，我最大的客人就是來幫忙的妹妹。她買了1萬韓幣的衣服後，就回去餵奶了。感謝我的大客戶！

義賣活動在下午四點結束，但從三點開始幾乎就沒有人潮了。販售孩子用品的賣家大部分都是父母親伴隨小孩，小孩會站在攤位面前喊：「歡迎光臨！來看看吧！」幫忙宣傳自己用過的二手商品。小孩叫賣的模樣真的超級可愛！感覺這對孩子而言也是很棒的教育，等到我的兒子長大後，我也要帶他一起來擺攤。

我整理賣剩的衣服，發現只剩下兩個購物袋的分量。原來我賣得不錯啊！我將賣剩的衣服扛在雙肩上，搭乘大眾運輸回到家。我同時也預約了快遞，將兩個袋子的衣服原封不動地放進箱子裡捐贈出去。

如果要請捐贈單位來收衣服就得等上好一段時間，所以我決定直接自己出運費寄過去。我上次也曾經寄過一次。自己寄送唯一的缺點是：未經官方受理無法有捐贈憑證。但即使如此，反正我的目的是做好事，不是為了拿憑證，比起放著家裡堆積如山的衣服不管，直接捐贈讓我內心舒暢！我很滿意！

我統計了這次的義賣所得。錢包裡剛剛好是6萬韓幣。我還拿了其中2千韓幣去買飲料喝，所以實際上賺了6萬2千韓幣。

5萬韓幣捐贈給育幼院，剩下的拿來當寄送衣服的運費。剛剛好一毛不剩！

衣服斷捨離大功告成！

義賣活動大功告成！

多虧我進行「不買衣服計畫」，才能有這般嶄新的體驗，把衣櫃清空就能分享更多……**雖然清空衣櫃的時候感到有點空虛，但分享的喜悅再次填滿了我的內心。**

整理衣櫃也可以成為一種付出

我進行衣櫃斷捨離之後，一部分衣服直接丟掉，一部分捐贈，還有一部分則放在部落格舉辦跳蚤市場。我將衣服照片上傳到部落格的時候，剛好媽媽來看我兒子，看到那些我要賣的衣服，竟然還慫恿我把衣服收回去。以前也是如此，我只要拿出想要丟的東西，媽媽就會在旁邊嚷嚷說：「衣服好好的幹嘛丟！放回去啦！」媽媽真的無法幫助我斷捨離。

我還得把衣服套在假人模特兒身上，拍照、修圖、聯絡買家、包裝衣服、寫上地址、放進箱子、預約快遞，這過程沒有想像中那麼簡單。有一次還把買方的衣服和地址搞混了，只好把黏好膠帶的箱子重新拆開來包裝。賣衣服的生意，真不是一般人能做的啊！

我決定也要全數捐出賣衣服的所得。所以我跟買方談好，對方可以先收到衣服，再決定要付我多少錢。每一件衣服大約都以3千韓幣（約台幣70元）賣出，在眾人的幫助下，我總共湊到15萬韓幣（約台幣3500元）。再加上我要捐的錢，總共捐贈了40萬韓幣（約台幣9500元）。

來收快遞的快遞員聽到我寄的東西是捐贈品，還幫我打了折，原本每箱6千韓幣的運費，變成每箱只要4千韓幣。我真的非常感謝那位快遞員，特地在快遞公司網站給了好評，稱讚快遞員很親切。那位快遞員是一位非常親切的女孩，她甚至把里鄰當中孩子們午睡的時間都記起來了，不會在那時間按門鈴送貨，超級專業！

眾人的心凝聚在一起的成果真的很棒，我內心十分感動。

我決定要進行「不買衣服計畫」後，開始衣櫃斷捨離，也自然而然把整理掉的衣服分享出去。在這個過程中，我得到了比起購物更多的成就感和充實感。看似我在付出，但其實我得到了更多。

轉念之後
更富裕的人生

我每週上三次教練課、晚上則去健走，食物也只吃平常分量的三分之二，但我的體重從62公斤降到58.5公斤之後就動也不動了。我原本打算在「不買衣服計畫」成功進行六個月時，買一個獎品給自己，但多虧了這個減重停滯期，這項獎品暫時先保留不買。

我的教練可能也覺得很可惜，之前他還叫我不要過度控制飲食，某天開始催促我吃雞胸肉或蛋白質。

幾年前我一邊上教練課，一邊靠著雞胸肉和番茄，在兩個月內就減掉了6公斤。不過一回到正常飲食兩個月後，我的體重就再次恢復了，還產生了討厭運動的副作用。

因此，我決定只要做飲食習慣的調整，不再節食了。我想要擁有維持一輩子的飲食習慣，不可能永遠不吃一般食物嘛！單純改變飲食習慣後，體重真的慢慢減下來了。

但後來我卻產生劇烈頭痛，兩個禮拜當中什麼都不能做，醫生查不出原因，請我回家好好休養，盡情吃各種想吃的東西來補充體力。頭痛是折騰我超過十年的痼疾。

我只要一直想到「頭痛不治好不行」就反而壓力超大，頭痛得更嚴重。平常出現讓我煩心的事情時，頭痛也會時不時出現，不曉得何時才能消失。

我聽從了醫生的建議，取消了原本預約好的教練課，也喝了一直想喝的牛骨湯，之前教練禁止我喝鹽分過多的湯品或鍋物。我在兩個禮拜當中完全解禁，不斷重複三件事情：盡情大吃、吃藥、睡覺。

身體狀況恢復正常之後，我再次上健身房。我以為自己會爆肥，感到很害怕，久違地測量了Inbody，結果發現體重竟然沒變，肌肉量也維持在正常範圍內。

那時我才明白。我之前努力運動、調整飲食的成果並沒有白費。我無法控制體重計的數字，但我清楚知道，過去我堅持不懈地運動、飲食調整，這些努力和實踐都已經成功了！

回到家後，我拿了一件之前覺得太小的衣服來穿，發現變得很合身！體重計的數字不代表一切！

現在給自己一點獎賞，應該不為過吧？仔細想一想，為何每一個女生都要穿XS或S號？我現在的肌肉量屬於正常範圍、吃得很健康，也認真地規律運動。那還有什麼問題呢？一直以來，我都過度在意體重數字，**只要改變想法，生活的一切都變得幸福了起來**。

因此，雖然已經超過半年好一陣子了，但我決定要兌現「不買衣服計畫」成功進行六個月的禮物。而且也下定決心要持續為了健康努力。不要只看著結果，享受過程、稱讚自己。

我決定要買真絲雪紡拼蕾絲材質的生活韓服當作禮物！比起跟隨潮流買一件很快就退流行的衣服，按照自己的身材量身訂做一件韓服，更適合作為「不買衣服計畫」的獎賞。最近生活韓服都做得很漂亮，穿起來也很舒適。許多韓國人為了將韓服文化的命脈延續到現代，付出了相當多的努力。

我穿上韓服後覺得很漂亮，但老公卻覺得很丟臉。

我真的無法理解，為何韓國人穿韓服會丟臉？韓服的襖裙長得跟一般的裹身洋裝沒什麼兩樣，還可以用繩子調整腰圍、搭配體型來做調整，穿起來比一般洋裝更舒適。年末聚餐時也很適合穿出門。希望生活韓服能更加普及。

由於六個月挑戰成功的獎品比較晚才兌換，當我買來犒賞自己時，距離「不買衣服計畫一週年」的時間也所剩無幾了。不過我往後的生活應該也不會有太大的變化，等東西舊了再買替代品就好，其他我打算維持現狀。

我在進行「不買衣服計畫」時，還寫好了計畫結束後要買的購物清單，過一段時間後，清單裡的大部分項目都被我刪掉了，透過整理衣櫃，我知道自己該有的都有了。

此外，我也體悟到**「想要」和「需要」完全不一樣**。現在我的購物清單只剩下羽絨外套，還有一條足以替代褪色褲子的新褲子。

現在不做，以後也不會做

拍下每日穿搭照這件事看似容易，持續做卻很困難。再簡單的小事，只要加上「持續做」這幾個字，就會變成世界上最困難的事情。

這段時間，我的衣櫃又多了一些變化。洗了幾次就鬆掉的T恤、大腿內側摩擦破洞的褲子、每次穿就會被身旁的朋友說：「你臉色看起來不太好！」的針織上衣等等，這些衣服全都被我丟掉了。

另外，我的部落格也有很多人留言表示擔心。他們都表示，外套的件數不能跟T恤的件數一樣。因為T恤比外套更容易損壞。我實際穿了之後發現，T恤所需的件數真的比想像中更多。針織上衣也起了許多毛球。

特別是最近，我感到非常慶幸，好險我沒有把衣服全部扔掉，多保留了幾件庫存。「我要一口氣掌握自己的喜好和需求，進行完美的衣櫃大掃除！」這想法原來是不切實際的妄想。有些衣服實際穿了才曉得不適合自己，甚至還拿了幾件跟庫存的衣服交換。真的就像在自己的衣櫃裡購物那般！

奇妙的是，那些被我暫時收在倉庫裡的衣服，當我過了幾個月再次看見他們時，竟然有心動的感覺！難怪大家都說跟男朋友分手後，再次見面還是會有種特別的感覺。

我已經很久沒有穿洋裝了，有些衣服我一整個夏天連一次都沒穿過。「太短了、太緊了、有點不舒服」，我有各式各樣的理由。這些衣服明明是我一再挑選後留下來的，我卻依然只穿那幾件而已。既然都想到這一點了，我也順便把夏季雪紡上衣和裙子也做個整理吧！上個夏天連一次都沒穿過的衣服也一併處理掉。

果然要等過季後再斷捨離，心裡比較過意得去。我之前堅持絕對不丟的那些外套，也有一部分被我整理掉了。還有一件外套，我做了個人基因色彩分析後，自認為應該要保留下來，但我並不常穿，所以這一次也跟它道別了。

但這也太巧！這次整理完畢後，我算了一下，衣服剛好剩下33件 X 4季 =132件，剛好達成目標！

原來我也有這一天！

我在進行「不買衣服計畫」的過程中，深刻體悟到的，其實並不是「衣服很少也沒關係！整理乾淨真舒服！」這類的感受，而是「**現在不做，以後也不會做！**」要趁想到的時候就立刻動作、立刻整理！當我終於達成之前一直猶豫不決的目標後，真的十分滿足、喜悅。

整理不是「捨棄」，而是「選擇」

透過「清空」讓心情變好，是這次「不買衣服計畫」中的一大收穫。這裡指的「清空」並不是捨棄，而是「選擇想留下來的衣服」，也因為在挑選的過程中，我得以重新思考自己的定位究竟在哪裡。衣服是個媒介，透過穿搭可以讀出這樣的訊息：

我想成為什麼樣的人？

我想展現何種模樣給大家看？

仔細觀察自己整理好的衣櫃後，我發現了一個驚訝的事實：我根本沒有留下任何居家服。衣櫃裡只有正裝和睡覺時穿的破洞運動服。

我的目標是等兒子上幼稚園後，就要重新返回職場。「我現在這副德性只要維持到小孩長大就好了！」我總是這樣想，但似乎太不重視現在的自己了。老實講，我腦中從來沒有浮現過自己是上班族以外的模樣，很早就斷定自己絕對不是當家庭主婦的料。

我在家裡的穿著打扮都非常寒酸，但我總是會自我安慰：「只要出門時認真化妝打扮，看起來還是不錯啦！」

然而，家庭主婦在外出時很難認真化妝打扮，所以其實看起來一點都不好！我開始討厭照鏡子、產生自卑感，難道我身為女人的生涯就此結束了嗎？真想趕快回到社會工作。

但是老公卻說，比起我在上班的時候，他更喜歡現在的我。其實我也還沒決定好要當家庭主婦還是上班族？我一直抱持著模稜兩可的心態度過現在的時間。

衣櫃的衣服赤裸裸展現了我的模樣。我的婆婆當了一輩子的家庭主婦，她曾說過：「家人的幸福最要緊，我當家庭主婦也沒關係。」但是我在家務事方面，真的毫無興趣和才能。

後來，我讀了日本漫畫家益田米莉的書《平凡的我與悠閒的作家歲月》。作者平常會去聽一些她完全沒興趣的主題講座，例如種植香菇的講座，因為說不定在這當中能遇見觸動心弦的事物。

讀到那本書後，我心想：「啊！原來如此！ 我一直以來都只是呆呆不動、坐著等待啊！」我決定要以家庭主婦的身分，全力以赴嘗試看看。然後，我下定決心要進行「正裝斷捨離」，過去的我心中一直很抗拒要整理正裝。

書裡的這段話，帶給了我很大的力量：

「即使有做不到的事也不會怎麼樣啊！每個人都有做不到的事、不想做的事、想做卻失敗的事，透過這些事成就了自己。並非只有表現好的事才是人生的全部。」

就算失敗了，那也會成為我的一部分嘛！因此，對於家務事很不熟練的我，決定要用盡各種方法挑戰看看。

整理家裡
就是
整理心靈

突然出現一個小時的自由時間，想了老半天，最後決定要來打掃客廳。「反正只要掃一掃，不知不覺就全都掃乾淨了！」我很想這樣說服自己，但沒有這種好事。

如果我有那麼厲害，現在就不會落得這副德性了。

現實狀況是：我連兒童爬行地墊都還沒擦乾淨，一小時就咻地過去了。

我之前都只用抹布稍微擦拭地墊，今天難得把兒童爬行地墊抬起來看，天啊！我曾幾何時有把牛奶灑出來過？頭髮都跟牛奶混在一起了！簡直亂成一團！

這裡怎麼會有咖啡漬？誰是罪魁禍首？

但其實……會在家裡喝咖啡的人，只有我而已。

我一邊碎念一邊用濕紙巾擦拭、噴水、再擦拭這些因暖爐而發酵的污漬。我跟老公都還在職場上班時，我一向只用吸塵器打掃家裡，再特別「選日子」進行大掃除。即便我現在是家庭主婦，也依然保有這個習慣。所以只要提到「打掃」，我就會壓力很大，認為這是一件需要下定決心才能做的大事。

不過，我閱讀了「整理」的相關書籍發現，整理達人們從起床的那瞬間，就會開始一點一滴進行整理。書中寫道：「每天只要做一點點，就會養成習慣。」

今天清掃地板和地墊時覺得實在太辛苦了，促使我下定決心：「好！我每天一起床就要開始打掃！我每天都要簡單清理地墊和沙發底下！」在丟衣服之前，先從家務打掃開始努力吧！

但是當我再次把地墊鋪好，逐一把兒子的玩具放回去時，我突然驚覺，不對啊！這樣我每天都要把地墊搬開、擦地板、擦地墊，然後再鋪好地墊、把玩具一一放回去？

每天都要重複做這些動作？我做不到吧？

難怪書裡都說「要先把雜物丟掉，打掃才會順利」，我切身感受到這句話的重要了！

我在進行「不買衣服計畫」時，閱讀了沈賢舟的《當女人需要心靈整理時》這本書，裡面寫了這段話：

「經過艱難的路程、反覆思考之後，我悟出了一個結論：『整理房子就是整理心靈』。房子髒亂不堪時，大家都認為是習慣不良，但仔細檢視就會發現，真正的問題是出自心理。

孩子長大後會自己整理嗎？孩子長大後，家裡的東西難道會變少嗎？這不過是錯覺、是渺茫的希望罷了！孩子長大後的物品數量和體積不會減少，只會隨著年齡變化而改變物品的種類。就算房子空間變大了也一樣。長輩都說：『空間越大，東西越多』這句話真的沒有錯。我騰出多少空間，我的孩子就能在多大的空間裡成長，我之前完全忽視了這個事實。認清自己的狀況很重要，才知道一定要養成整理習慣的重要原因。」

「等兒子長大了，家裡就會整齊一點了吧？」我之前抱持這樣的想法，把家裡放著不管，我真是驚人！除了衣服之外，家裡也要開始慢慢整理才行！

舒服的環境
才有舒服的心情

某一天我在清理瓦斯爐，突然想起了抽油煙機。對耶！搬家之後，我似乎連一次都沒清理過抽油煙機。再怎麼不愛做家事、不會打掃，也不應該這樣吧！於是我接著把抽油煙機拆下來清理。喔天啊！累積的油垢真驚人！

我在抽油煙機上撒了小蘇打粉，然後在菜瓜布上噴灑廚房清潔劑，用力擦拭。不知為何突然興奮了起來！我接著想起了累積許多污垢變髒的浴缸，所以開始刷起了浴缸，刷完浴缸再刷旁邊的洗臉台，刷完洗臉台又繼續擦浴室地板，不知不覺整間浴室都打掃完了！廚房清潔劑萬歲！之前沒好好打掃累積的煩悶感，一口氣都消失了！打掃完我爽快地把菜瓜布扔掉了。打掃浴室是個很好的開端，我接著設定了下一個目標：廚房。

打開廚具櫃時，我嚇了一大跳。我孩子都生下來好一段時間了，別人送我的順產禮物——海帶竟然還留著！我把海帶扔了，乾燥昆布則切成一段一段放入儲藏筒裡保存，切剩的部分也扔了。

最大的問題是杯子。我特別熱愛杯子，就算沒在用也會陳列當擺設。整理杯子也得像整理衣服那樣，全部先拿出來。

雖然我對家務事或碗盤沒興趣，但杯子卻特別多。許多人也都會送杯子當禮物，自然而然就積累了不少。

精挑細選一番之後，我決定只保留最喜歡的杯子套組，其餘分送給周遭朋友們。裡面還有我在準備結婚時覺得賞心悅目才買的三人套裝杯子，至今連一次都沒有使用過，我決定要送給好朋友。

原本瓶瓶罐罐擺得密密麻麻的醬料區，整理後空間變大了，醬料罐終於可以整齊排成一列，以後要找醬料方便多了！

我把碗盤全都收拾到另一區塊後，廚具櫃變得空空如也。我左思右想，決定把碗盤瀝水架丟掉，碗洗完之後只要放入蔬果瀝水籃晾乾，再連同瀝水籃一起收進廚具櫃即可。我親身嘗試後發現，換掉碗盤瀝水架使用起來更便利。碗盤瀝水架無法常常清洗，但蔬果瀝水籃每天都會洗，比較不會留下水垢。我本來也很喜歡把碗盤堆個老半天再一次洗，沒想到竟然連這老毛病也成功改掉了！

現在廚房放眼望去乾淨又整齊，真是心滿意足！

剛掃完廚房那幾天，我試圖按照《極簡主義》書中提到的，只要出現水分就隨時擦拭，但卻失敗了。碗盤的量變多時，我只要一想到「等下洗完還要擦乾」就心累。應該要用適合自己的方式、能力所及的範圍開始做起。

我把餐桌上的寶寶餐椅送給妹妹，把一直塞在微波爐旁邊的書堆收進櫃子裡。廚房看起來就乾淨許多。

只要環境賞心悅目，心情自然也會很好！

打掃過後的
美好景色

有一位很瞭解室內裝潢的朋友來我家裡玩。

朋友看到我家壁紙後對我說：「牆壁好像漏水了！趕快聯絡一下管理室！」我只有發現壁紙有點浮起來，但實在太不明顯了，所以我從未發現牆壁漏水。後來才知道，原來是樓上的房東把房子租給外面的房客，但該租戶退租時，把廁所的瓷磚地面都撤除了，才會導致漏水。

為了修補房間的漏水裂縫，我順道將房間做個整理。

樓上的房東奶奶住在別的地區，但在我們這個小社區擁有五間房子。奶奶說她有很多間房子，很清楚這狀況該怎麼處理，只要自己在牆壁貼幾張壁紙就好，沒什麼大不了的。她還強調，對人施予恩惠，終究福氣都會回到自己身上。

我笑著挽住這位奶奶的胳膊，對她說：「奶奶您說的沒錯！對別人施予恩惠，福氣終究都會回到您身上，所以，請幫我家貼上防水壁紙吧！」經過幾番爭論，對方才終於答應要幫我們修補漏水。我在心中默默許願，以後賺大錢，絕對不要像她那樣生活。

我把兒子堆在房間裡的一部分玩具扔了，一部分搬到陽臺放。房間裡大部分都是丈夫的東西，所以我不會任意處理。小時候只要媽媽隨便動我的東西，我就會超級生氣。即使是同一個屋簷下的家人，也需要尊重彼此的空間。

恰巧在同一個時間點，公寓正在重整噴漆，還清潔了紗窗。紗窗清理乾淨後，我的視力似乎變好了，就像換了一副新眼鏡般，眼前的景色變得很清晰。我下定決心要整理房子之後，就不斷出現需要整理的事情。

打造「喜愛空間」真的好快樂！

多虧了之前進行的衣櫃大掃除，我的抽屜空間都清空了，跟櫃子相連的床也一併進行大重整。

房間裡的寢具從去年開始棉花紛紛外露，我也趁著這次機會一口氣扔掉。以「不買衣服計畫」為起點，不知不覺連整間房子都一併整理了。

結婚時，我毫無研究就挑選了張又大又華麗的設計床，為了搭配華麗的金色床，還掛上了金色窗簾。生下孩子後，我在床旁邊放了安全嬰兒床，某天突然發現，孩子長高了、腳都超出床外了。

我把窗簾換掉，也訂購了一張可以和孩子共寢的子母床。

從上次亂買家具和寢具的失誤中我吸取了教訓，這次一定要購買最便宜的家具，之後才能毫不心痛地換掉。我買的子母床可以拆開來使用，如果夠耐用，等兒子長大擁有自己的房間後，還可以拆過去給他用。

我換了新床和新棉被，心情超好！

這段時間兒子總是窩在我身邊睡覺，或是蜷縮在狹窄的嬰兒床裡，現在終於可以輕鬆睡了。雖然我們家只有23坪，卻可以讓三個人住得又寬敞又舒適。

以前我一直覺得自己不會做家事，從未曾重視家裡空間的整頓。但最近我逐漸明白了，**生活在自己喜歡的空間裡，原來是這麼快樂的事！**

我正在成為
一個更好的人

我平常都用浴簾把洗衣間擋起來，讓自己「眼不見為淨」。

廁所還算很常打掃，但不知道為什麼，我就是不喜歡整理洗衣間，而且那裡還堆滿了許多回收物，非常髒亂。不過，剛好最近買了新的洗衣機，我趁機進行了洗衣間大掃除。

原本的洗衣機是在結婚時，我隨意購入的便宜福利品。

反正洗衣機在賣場也不會被用到，應該沒什麼影響吧。我當時還很得意自己超會精打細算！所以就算這台洗衣機的花色毛骨悚然，我也看在它便宜的份上容忍下來了。

不過，洗衣機才用了一年，就連續故障了好幾次，修理的師傅還向我使眼色，提醒我這一台洗衣機很容易故障，在修繕師傅界裡很有名。即使這樣，我還是將就著繼續使用。

直到上個月，洗衣機洗出來的衣服已經髒到連我老公都發現有問題，最後，整台洗衣機徹底壞掉了。

這次我下了很大的決心換一台新貨，還逛了幾家賣場。洗衣機真的好貴！我嚇了一跳。我在網路上尋找可以分期十二個月零利率、擁有基本功能的洗衣機。最後選到一台全新、具有烘衣功能的滾筒洗衣機。

為了紀念新洗衣機的到來，我認真清洗了整個洗衣間。也趁機把快爛掉的資源回收桶丟掉，在家裡附近買了一個新的。我之前還喜歡把一大堆塑膠袋堆放在洗衣間裡，這次也一起扔掉了。塑膠袋這東西非常神奇，你以為留下來總會用到，但終究只是堆著罷了。洗手台的櫃子空著最後一格，我買了一個足以放進那個空間的收納箱，其他東西全都丟了。

我真想不透，之前為何我會不忍心把塑膠袋清理掉？

有三分之二的大型收納箱都被我扔掉了。可以拿去回收換錢的塑膠類物品我都另外折疊後用繩子綁起來。以後我都要提著菜籃出門就好！

這台新洗衣機具有烘乾功能，不需要另外擺設曬衣架。我把曬衣架免費送給了鄰居，他們覺得白白拿人東西很不好意思，所以還特別送我明太魚作為禮物。本來想趁週末外出吃一頓好的，多虧了鄰居的美意，我才得以在家輕輕鬆鬆地享用一頓美味的晚餐。這就是所謂的鄰里之情嗎？

透過整理，我的人生多了許多嶄新的體驗。

雖然家裡的物品依然很多、書也超多，我也依然是一位不會做菜的家庭主婦。只要稍微放鬆，客廳就會再次變得亂七八糟。但我現在不會再感到憂鬱了。**因為我知道我願意努力，也感覺到自己正在變得更好**。

斷捨離的衣服不用丟光光

第一次整理衣櫃後，我在部落格賣二手衣，並將銷售所得全數捐出去。其他直接捐贈的衣物，換算下來大約是「15萬韓幣」（約台幣3千5百元）。在這之後我設下總額要捐滿100萬韓幣（約台幣23500元）的目標，每個月整理一個品項。多虧許多熱心人士，我最後成功達成了目標！除了要丟掉的衣服之外，以下幾個是我常用的處理方式。

賣給妹妹或熟人

這方法最乾淨俐落，但礙於情面，幾乎不可能賣到好價錢。我們家有三個女兒，再加上媽媽，家裡女人一大堆，所以我總是優先將衣服販賣或贈送給家人，再來才是朋友或鄰居。這次也是如此。平時經常幫忙我的鄰居們，來我家試穿後帶走了幾件衣服，我還免費贈送了一件適合搭配洋裝的長版開襟衫。

在部落格上販售

剛開始礙於資金往來十分不便，所以我很猶豫要不要用這個方法。沒想到最捧場的正是網友們。這些一直關注我「不買衣服計畫」的部落格網友們，卻來跟我買二手衣，感覺有點微妙。

在二手市集（跳蚤市場）販售

當時我手上有些淘汰掉的洋裝，以及正在整理中的衣服，想找個方法直接賣掉。於是我上網搜尋二手市集（跳蚤市場）相關資訊，發現各地區都有活動在招募賣家。政府或地方機構也會不定時舉辦義賣活動。我家小孩的衣服或玩具，很多也是在義賣活動上買來的，裡面意外藏有不少好貨。

網路拍賣平台

原本我就有在拍賣平台上低價出售衣服的習慣，有一次我發狠以「15件洋裝5萬韓幣（約台幣1200元）」均一價販售，有幾位重返職場的媽媽買下後，還特別傳訊息給我，說很謝謝我的衣服、她們都收到了。那次交易讓我的心情超好！但依照拍賣平台的特性，有時候比起賣便宜貨，賣好東西的銷量反而更好。我某次上傳了一系列很夯的衣服，然後一個一個配送，比起均一價販售的便宜貨賺得更多，但缺點是程序很麻煩。

二手拍賣APP

我用的是韓國一個叫「胡蘿蔔市場（당근마켓）」的APP，是網友推薦的。我是3C白痴，本來有點抗拒，沒想到實際上註冊和使用都很方便。還有一天之內賣掉10件洋裝的紀錄！意外發現對方住在附近，還特地來我家面交，所以我不僅給她折扣，還多送了一件適合她的薄外套。能夠這樣見面分享彼此的故事，真的很神奇！

直接捐贈

如果覺得上述幾種方式很麻煩，不妨考慮直接捐贈。面對家中一大堆的衣服，我總會手忙腳亂，也會一直煩惱要不要繼續穿，這時候捐出去就是很好的方式。在網路上販售衣物還需要一件一件包裝、郵寄，必須花很多時間心力。但只要找到有收二手衣的機構，就可以透過郵寄整箱捐贈出去，但請注意一點：必須將衣服都先清洗乾淨再寄送。

EPILOGUE

我看見了自己的變化

起初只是一時衝動，報名了馬拉松路跑，加入後才意外發現其中的樂趣。我成功挑戰兩次5公里路跑後，便開始挑戰10公里。之後每個月都會參加一次馬拉松比賽，有時和老公一起，有時獨自在早晨時分路跑。

馬拉松比賽不需要和他人競爭，只需要以自己的速度前進，這一點讓我感到很安心。每當遇到瓶頸時，我就會對自己喊話：「只要到那邊就好！只要到那邊就可以了！」

不管是用走的，還是用爬的，只要我沒有停下來，我就會更靠近終點一步，這一點是最棒的！原本覺得上健身房很無聊，但自從知道馬拉松也需要肌肉訓練後，我就再也不缺席重訓課程了。雖然體重沒有大幅減少，但身體比以前更健康，衣服尺寸變小了，以前穿不下的衣服也逐漸穿得下了。

越來越多人跟我說：「妳好像瘦了！」運動流汗後臉上的青春痘也變少，現在只需要遮蓋臉上的痘疤就可以出門。衣櫃裡掛的都是之前就有的衣服，但給我的感覺卻和以前完全不同。因為這是我經過深思熟慮、嚴格挑選才留下的收藏品。

為期一年的「不買衣服計畫」成功後，我又訂做了一套生活韓服，當成送給自己的禮物。我第一次穿生活韓服時，因為顧及旁人的眼光沒有勇氣穿出門。但現在只要一有機會，我就會穿去參加聚會。當別人問我為什麼要穿韓服時，我總會笑著回答：「因為這是我喜歡的衣服。」我再次體會到，我對自身的確信和自信感才是關鍵。

之前離開公司時，我一邊撫養孩子，一邊煩惱未來該做些什麼。雖然心裡閃過：「好想將在部落格上寫的文章集結成一本書！」但我又不是什麼了不起的人，竟然妄想要出書？

一直不好意思說出口，但我認為「做夢」是自己的自由，因此我還是鼓起了勇氣，在部落格上寫下了這個夢想。出乎意料之外，那篇文章竟然真的成為了夢想成真的契機。這本書是眾人辛勞的結晶。真的非常感謝大家！如此平凡的我，竟然能成為一個作家。

自從那一天，我在窗戶裡看見反射出來的自己後，我的未來就在悄悄改變。雖然外表上看不出來哪裡不同，我依然是一位平凡的母親，但是我非常明白，以為只是不買衣服而已，我卻的心靈正在產生變化。我一天比一天過得更好、更快樂，而且對於即將到來的明天，充滿著無限的期待與希望。

台灣廣廈國際出版集團
Taiwan Mansion International Group

國家圖書館出版品預行編目（CIP）資料

不買衣服的新生活 / 任多惠著；余映萱譯. -- 初版. -- 新北市：
蘋果屋出版社有限公司, 2021.12
面；　公分
ISBN 978-626-95113-8-9
1.家政 2.簡化生活 3.生活態度 4.生活指導

420　　110019899

不買衣服的新生活

作　　者／任多惠
翻　　譯／余映萱
編輯中心編輯長／張秀環・**編輯**／蔡沐晨
封面設計／曾詩涵・**內頁排版**／菩薩蠻數位文化有限公司
製版・印刷・裝訂／東豪・弼聖・秉成

行企研發中心總監／陳冠蒨
媒體公關組／陳柔彣
綜合業務組／何欣穎
線上學習中心總監／陳冠蒨
數位營運組／顏佑婷
企製開發組／江季珊、張哲剛

發 行 人／江媛珍
法律顧問／第一國際法律事務所 余淑杏律師・北辰著作權事務所 蕭雄淋律師
出　　版／蘋果屋 瑞麗美人國際媒體
發　　行／蘋果屋出版社有限公司
地址：新北市235中和區中山路二段359巷7號2樓
電話：（886）2-2225-5777・傳真：（886）2-2225-8052

代理印務・全球總經銷／知遠文化事業有限公司
地址：新北市222深坑區北深路三段155巷25號5樓
電話：（886）2-2664-8800・傳真：（886）2-2664-8801
郵政劃撥／劃撥帳號：18836722
劃撥戶名：知遠文化事業有限公司（※單次購書金額未滿1000元需另付郵資70元。）

■出版日期：2021年12月
ISBN：978-626-95113-8-9
■初版2刷：2024年4月

딱 1 년만 옷 안 사고 살아보기 : 스트레스를 쇼핑으로 풀던 그녀, 비우고 다시 채우는 1 년 프로젝트에 도전하다